农家生活应急
知识手册

杨立敏 主编

中国海洋大学出版社
·青岛·

图书在版编目(CIP)数据

农家生活应急知识手册 / 杨立敏主编. —青岛：
中国海洋大学出版社，2011.8（2021.7重印）
ISBN 978-7-81125-294-1

Ⅰ.①农… Ⅱ.①青… Ⅲ.①农村—突发事件—处理
—中国—手册 Ⅳ.①X4-62

中国版本图书馆 CIP 数据核字(2011)第 165302 号

出版发行	中国海洋大学出版社　青岛出版社
社　　址	青岛市香港东路 23 号　　邮政编码　266071
出 版 人	杨立敏
网　　址	http://pub.ouc.edu.cn
电子信箱	dengzhike@sohu.com
订购电话	0532—82032573（传真）
责任编辑	邓志科　由元春　　　电　　话　0532—85901040
印　　制	日照日报印务中心
版　　次	2011 年 10 月第 1 版
印　　次	2021 年 7 月第 6 次印刷
成品尺寸	170 mm×240 mm
印　　张	12
字　　数	182 千
定　　价	36.00 元

前　言

随着社会的发展、科技的进步,加上我国改革开放 30 年来取得的巨大成就,我国人民的物质生活水平不断提高,幸福感也在持续上升。社会中的每一个家庭,家庭中的每一位成员,都希望不受任何突发事件的干扰和侵害,希望每一天都能平平安安,过着舒心愉悦的生活。然而,在现实世界里,我们每一个家庭、每一个人,身处自然环境中,不仅享受着大自然的馈赠,也面临着各种各样的自然灾害在不期中突然降临的危险;身处社会氛围中,与各种各样的人和事有意无意地发生着种种关系,也就免不了受到不同种类的突发事件令人猝不及防的威胁。不仅在城市中是这样,在农村中也是这样。因此,居安思危,预防和避免生活中可能发生的安全风险就显得格外重要。为此,要对身边可能存在的安全隐患有较为全面的认识,掌握与突发事件有关的知识,知道如何预防和控制突发事件的发生,了解突发事件发生后应当如何应急,熟悉应对技巧并能将其用在自救及互救上,妥善处理突发事件发生后出现的情况,真正做到在突发事件发生前有效防范、突发事件发生时积极应对、突发事件发生后妥善处理。只有这样,在突发事件发生时,才能减少突发事件造成的人身伤害和财产损失,将危害控制在最小的范围内。

基于这样的想法,我们为农民朋友们编写了《农家生活应急知识手册》。在编写过程中,我们充分考虑了农村的实际情况,本着科学性、知识性、实用性、指导性、可读性相结合的原则,挑选与农家生产生活密切相关的内容作为重点进行阐述。对突发事件,按不同的性质进行了分类并逐个阐述。在介绍每种突发事件有关知识的基础上,对于该突发事件发生后应该如何应对和有哪些有效的应急措施在"应急须知"栏目中逐一进行了介绍,对于需要提示的内容在"特别提示"栏目中逐条进行了说明。

本书共分六大部分。第一部分为"应急常识",介绍了突发事件及其特点、突发事件的分类与分级、常用安全标志和家庭应急准备等;第二部分为"自然灾害及其应急",介绍了与农家生活密切相关的气象灾害与洪涝灾害、地震和地质灾害及其应急措施;第三部分为"事故灾难及其应急",介绍了火灾、交通安全事故、特殊性伤害事故等事故灾难及其应急措施;第四部分为"公共卫生事件及其应急",介绍了传染病类、动物疫情类、中毒类公共卫生事件及其应急措施;第五部分为"社会安全事件及其应急",介绍了对非法侵害类、公共场所安全类、信息骚扰类社会安全事件及其应急措施;第六部分为"紧急呼救与急救",对常用的紧急呼救方式和15种急救措施进行了详细的介绍。

作为一本实用性的普及读物,我们期望以浅显的文字将尽量多的安全知识和应急技能传递给读者,并通过图文编排,使表现形式更为生动,便于读者加深理解。

我们真诚地希望广大农民朋友,通过阅读本书,能进一步增强安全意识、掌握安全技能、提高应急能力,幸福平安地生活,增进社会的和谐安定,让每一个人的脸上都洋溢着祥和,让每一个村落都充满着温馨。

衷心地祝愿每一位读者朋友幸福安康!

目 次

第一部分　应急常识 ……………………………………… (1)
  一、突发事件及其特点 ………………………………… (1)
  二、突发事件的分类与分级 …………………………… (2)
    1. 突发事件的分类 …………………………………… (2)
    2. 突发事件分级 ……………………………………… (3)
  三、常用安全标志 ……………………………………… (4)
    1. 禁止标志 …………………………………………… (5)
    2. 警告标志 …………………………………………… (6)
    3. 指令标志 …………………………………………… (7)
    4. 提示标志 …………………………………………… (8)
  四、家庭应急准备 ……………………………………… (9)

第二部分　自然灾害及其应急 …………………………… (12)
  一、气象灾害与洪涝灾害类 …………………………… (12)
    1. 风灾 ………………………………………………… (12)
    2. 沙尘暴 ……………………………………………… (15)
    3. 暴雨 ………………………………………………… (18)
    4. 雷电天气 …………………………………………… (20)
    5. 冰雹 ………………………………………………… (22)
    6. 暴雪 ………………………………………………… (24)
    7. 大雾 ………………………………………………… (26)
    8. 寒潮 ………………………………………………… (28)
    9. 高温天气 …………………………………………… (30)
    10. 洪水 ……………………………………………… (32)

二、地震与地质灾害类 …… (34)

1. 地震 …… (34)
2. 海啸 …… (39)
3. 泥石流 …… (40)
4. 滑坡 …… (43)
5. 崩塌 …… (45)

第三部分 事故灾难及其应急 …… (48)

一、火灾类 …… (48)

1. 家庭失火 …… (48)
2. 人员密集场所火灾 …… (51)
3. 汽车着火 …… (53)
4. 森林火灾 …… (58)

附：灭火器 …… (61)

二、交通安全类 …… (64)

1. 行人交通安全事故 …… (64)
2. 非机动车交通安全事故 …… (66)
3. 机动车交通安全事故 …… (68)
4. 乘车交通安全事故 …… (70)
5. 高速公路交通安全事故 …… (72)
6. 恶劣天气交通安全事故 …… (74)
7. 海上交通事故 …… (75)

三、特殊性伤害类 …… (78)

1. 灾难性化学事故（危险化学品） …… (78)
2. 放射源辐射事故（包括核泄漏） …… (81)
3. 海上渔船事故 …… (83)

第四部分 公共卫生事件及其应急 …… (86)

一、传染病类 …… (86)

1. 流行性感冒 …… (86)
2. 病毒性肝炎 …… (89)

3. 肺结核 …………………………………………………… (90)

4. 霍乱 ……………………………………………………… (92)

5. 痢疾 ……………………………………………………… (93)

6. 鼠疫（黑死病）…………………………………………… (94)

7. 非典型性肺炎 …………………………………………… (96)

8. 手足口病 ………………………………………………… (97)

9. 流行性出血结膜炎（红眼病）…………………………… (99)

10. 流行性出血热 ………………………………………… (100)

11. 艾滋病 ………………………………………………… (103)

12. 狂犬病 ………………………………………………… (107)

二、动物疫情类 ……………………………………………… (109)

1. 高致病性禽流感 ………………………………………… (109)

2. 口蹄疫 …………………………………………………… (111)

3. 猪链球菌病 ……………………………………………… (112)

三、中毒类 …………………………………………………… (114)

1. 食物中毒 ………………………………………………… (114)

2. 农药中毒 ………………………………………………… (120)

3. 杀鼠剂中毒 ……………………………………………… (122)

4. 煤气中毒 ………………………………………………… (123)

第五部分　社会安全事件及其应急 ………………………… (126)

一、非法侵害类 ……………………………………………… (126)

1. 入室盗窃与抢劫 ………………………………………… (126)

2. 户外抢劫 ………………………………………………… (128)

3. 扒窃 ……………………………………………………… (129)

4. 绑架 ……………………………………………………… (130)

5. 性侵害 …………………………………………………… (133)

二、公共场所安全类 ………………………………………… (135)

1. 公共场所突发险情 ……………………………………… (135)

2. 大型活动骚乱 …………………………………………… (136)

三、信息骚扰类 ……………………………………………… (138)

1. 信息诈骗 …………………………………………… (138)
2. 信息扰乱 …………………………………………… (141)

第六部分　紧急呼救与急救 …………………………… (143)

一、紧急呼救 ……………………………………………… (143)

（一）遇险求救信号 …………………………………… (143)
（二）遇险求助电话 …………………………………… (145)
1. 110 …………………………………………………… (145)
2. 119 …………………………………………………… (147)
3. 120 …………………………………………………… (149)
4. 122 …………………………………………………… (151)

二、急救方法 ……………………………………………… (153)
1. 心肺复苏 …………………………………………… (153)
2. 猝死的急救方法 …………………………………… (155)
3. 胸腹外伤的急救方法 ……………………………… (157)
4. 烫伤与烧伤的急救方法 …………………………… (158)
5. 呼吸道异物阻塞的急救方法 ……………………… (161)
6. 眼灼伤的急救方法 ………………………………… (162)
7. 冻伤的急救方法 …………………………………… (163)
8. 中暑的急救方法 …………………………………… (165)
9. 蛇咬伤的急救方法 ………………………………… (166)
10. 骨折的急救方法 …………………………………… (168)
11. 触电的急救方法 …………………………………… (170)
12. 溺水的急救方法 …………………………………… (173)
13. 爆竹烟花炸伤的急救方法 ………………………… (175)
14. 包扎法 ……………………………………………… (176)
15. 外伤止血法 ………………………………………… (179)

第一部分　应急常识

一、突发事件及其特点

《中华人民共和国突发事件应对法》第三条指出：突发事件，是指突然发生，造成或者可能造成严重社会危害，需要采取应急处置措施予以应对的自然灾害、事故灾难、公共卫生事件和社会安全事件。突发事件具有突发性、复杂性、破坏性、持续性、可控性和机遇性等特点。

(1)突发性。对能否发生，什么时间、地点、方式发生，发生的程度如何等都是始料未及的，难以准确把握。这主要是因为有些突发事件由难以控制的客观因素引发，有些突发事件爆发于人们的知觉盲区，有些突发事件爆发于熟视无睹的细微之处。

(2)复杂性。往往是多种因素相互作用激化的结果，总是呈现出一果多因、相互关联、牵一发而动全身的复杂状态。

(3)破坏性。以人员伤亡、财产损失为标志，包括直接损害和间接损害，还体现在对社会心理和个人心理造成的破坏性冲击，进而渗透到社会生活的各个层面。

(4)持续性。在整个人类文明进程中，突发事件从未停止过。人类只能通过共同努力最大限度降低突发事件发生的频率和次数，减轻其危害程度及对人类造成的负面影响。突发事件的爆发，一般表现为潜伏期、爆发期、高潮期、缓解期、消退期。持续性表现为蔓延性和传导性，一个突发事件经常导致另一个突发事件的发生。

(5)可控性。可控是指主体能对事件的发生进行预见、计量的控制，是对突发事件进行调控以克服突发事件的不确定性,尽最大可能降低突发事件的危害程度。这也是人类改造自然、利用自然的重要内容和社会进步的重要标志。

(6)机遇性。突发事件存在机遇或机会,但抓住机遇需要付出代价。机遇的出现有客观原因,偶然性之后有必然性和规律性。只有充分发挥人的主观能动性,通过人自身的努力或变革,才能捕捉住机遇。对突发事件,不应过分强调其机遇性,要有忧患意识。

二、突发事件的分类与分级

1. 突发事件的分类

突发事件,依据所发生的过程、性质和机理的不同,可分为自然灾害、事故灾难、公共卫生事件和社会安全事件四类。其中,自然灾害主要包括气象灾害、地震灾害、水旱灾害、地质灾害、海洋灾害、生物灾害等;事故灾难主要包括工矿商贸等企业的各种安全事故、交通安全事故、公共设施和设备事故、环境污染和生态破坏事件等;公共卫生事件主要包括传染病疫情、食品安全、职业危害事件、群体性不明原因疾病、动物疫情和其他会对公众健康及生命安全造成严重影响的事件;社会安全事件主要包括恐怖袭击事件、经济安全事件和涉外突发事件等。

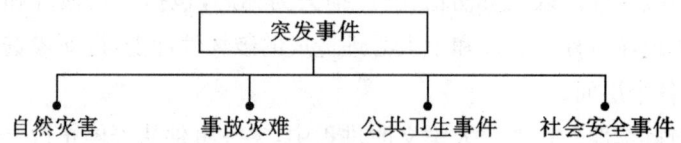

此外,也可按照突发事件的成因,将其分为自然性突发事件和社会性突发事件两种;按其可预测性,分为可预测的突发事件和不可预测的突发事件;按其可防可控性,分为可防可控的突发事件和不可防不可控的突发事件;按其影响范围,分为地方性突发事件、区域性突发事件或国家性突发事件、世界性突发事件或国际性突发事件。

虽然对突发事件作了以上划分,但实际上各类突发事件并不是孤立的或完全静态的,而往往是相互交叉、彼此关联的:既可能是一种突发事件和其他类别的突发事件同时发生,也可能是一种突发事件的发生引发出次生的、衍生的其他类型的突发事件。因此,对于突发事件,要根据实际情况作出具体的分析,以便统筹应对。

2. 突发事件分级

为落实应急管理的责任、提高应急处置的效能,我国对突发事件进行了分级。按突发事件的社会危害程度和影响范围等因素,将自然灾害、事故灾难、公共卫生事件分为特别重大、重大、较大、一般四级,并用红色、橙色、黄色、蓝色标识表示相应的预警级别。

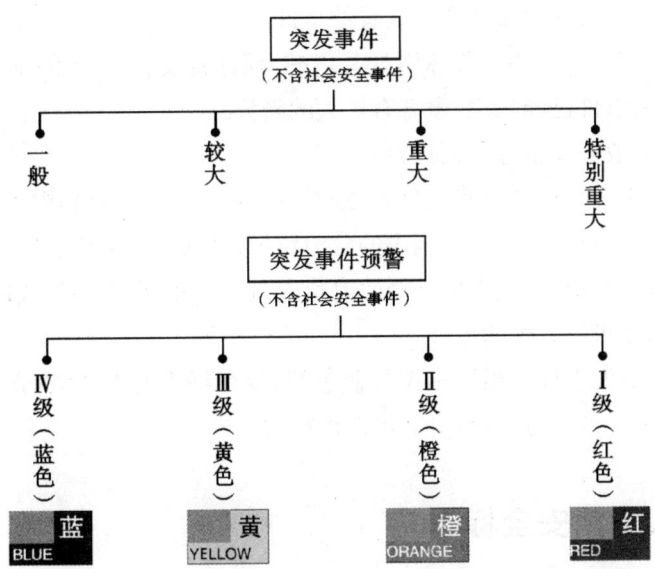

(1)特别重大突发事件及其预警。

特别重大突发事件指突然发生,已经或可能造成特别重大人员伤亡、特别重大财产损失或重大生态环境破坏,事态非常复杂,给政治稳定、公共安全和社会经济秩序带来严重危害或威胁,需要由国务院统一组织协调,调度一省乃至全国各方面的资源和力量进行应急处置的紧急事件。

特别重大突发事件的预警标识是红色的,预计将要发生特别严重(Ⅰ级)以上突发事件,事件会随时发生,事态正在趋于严重。

(2)重大突发事件及其预警。

重大突发事件指突然发生,已经或可能造成重大人员伤亡、重大财产损失或严重生态环境破坏,事态复杂,给一定区域内的政治稳定、公共安全和社会经济秩序带来严重危害或威胁,需要由省级政府负责组织,调度多个部门、区县和相关单位的力量和资源联合处置的紧急事件。

重大突发事件的预警标识是橙色的,预计将要发生严重(Ⅱ级)以上突发事件,事件即将发生,事态正在逐步扩大。

(3)较大突发事件及其预警。

较大突发事件指突然发生,已经或可能造成较大人员伤亡、较大财产损失或生态环境破坏,事态较为复杂,给一定区域内的政治稳定、公共安全和社会经济秩序带来一定危害或威胁,需要由市级政府负责组织,调度个别部门、区县的力量和资源处置的事件。

较大突发事件的预警标识是黄色的,预计将要发生较重(Ⅲ级)以上突发事件,事件已经临近,事态有扩大的趋势。

(4)一般突发事件及其预警。

一般突发事件指突然发生,已经或可能造成人员伤亡和财产损失,事态比较简单,只是给较小范围内的政治稳定、公共安全和社会经济秩序带来严重危害或威胁,只需要县级政府负责组织,调度个别部门或区县的力量和资源就可以处置的事件。

一般突发事件的预警标识是蓝色的,预计将要发生一般(Ⅳ级)以上突发事件,事件即将临近,事态可能会扩大。

三、常用安全标志

为了提醒人们预防危险,避免发生事故;也为了在发生危险时能够在其指示下有效逃离或者采取得力措施遏制危害,国家规定了由安全色、几何图形和图形符号构成的,可表达特定安全信息的安全标志。安全标志主要有禁止标志、警告标志、指令标志、提示标志四种;此外,还有补充标志。

第一部分 应急常识

1. 禁止标志

禁止标志是不准或制止人们的某种行为的标志。其几何图形是带斜杠的圆环,其中圆环与斜杠相连,呈红色;图形符号呈黑色,背景呈白色。

2. 警告标志

警告标志是警告人们可能发生危险的标志。其几何图形是黑色的正三角形，符号呈黑色，背景呈黄色。

3. 指令标志

指令标志是表示必须遵守的标志。其几何图形是圆形，背景呈蓝色，图形符号呈白色。

4. 提示标志

提示标志是示意目标方向的标志，如"紧急出口"。其几何图形是方形，背景呈绿、红色，图形符号及文字呈白色。

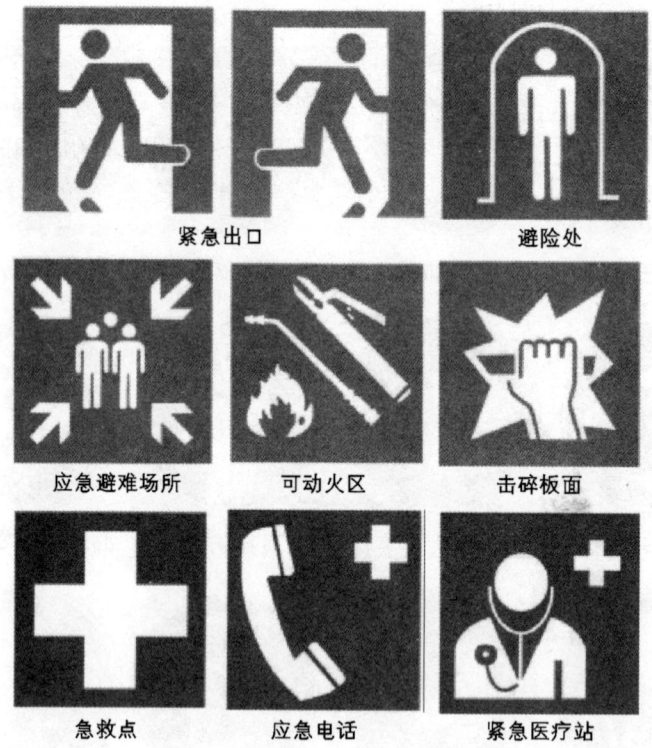

提示标志提示目标的位置时要加方向辅助标志。按实际需要指示左向时，辅助标志要放在图形标志的左方，要指示右向时，则应放在图形标志的右方。

应用方向辅助标志示例

此外,还有对上述四种标志进行补充说明以避免造成误解的补充标志,分为横写和竖写两种。横写的为长方形,写在标志的下方,可以和标志连在一起,也可以分开;红底白字用于禁止标志,白底黑字用于警告标志,蓝底白字用于指令标志。竖写的写在标志杆上部,均为白底黑字。

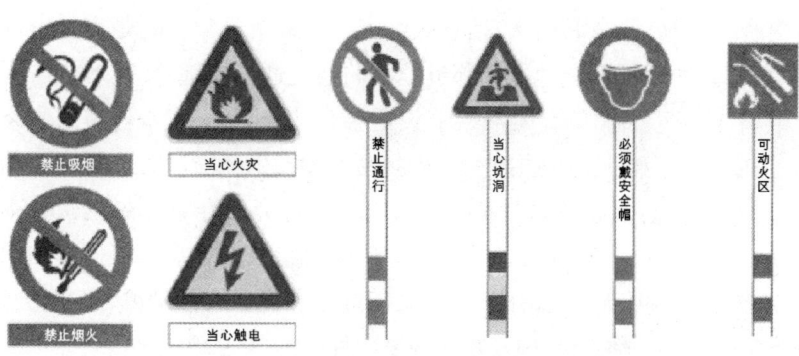

四、家庭应急准备

突发事件的发生往往会让人猝不及防,因此防患于未然并在事件发生时积极应对就显得格外重要。做好积极有效的应急准备,对于保护个人和家庭成员的人身及财产安全具有十分重要的意义。通常,作为一个家庭来说,可从基本知识储备、制订应急方案、核对安全事项、准备家庭应急救援包四个方面进行准备。

(1)基本知识储备。

着重了解本地区和家庭周围发生次数较多的突发事件,了解村镇或邻近地区的应急方案,熟悉各种突发事件的应对方法,知道事件发生时如何协助老幼病残孕避难,清楚如何清除家庭中可能存在的安全隐患。此外,要在家庭成员中普及安全知识和急救知识,教会孩子拨打110报警电话、119火警电话等。

(2)制订应急方案。

家庭成员要一起讨论制订应急方案并不断完善,内容要囊括家庭成员集合处、家庭紧急联络人、信息联络卡。家庭成员集合处是突发事件发生时,可去的屋外安全地点和邻近地区的某交通便捷地;要了解住所周围疏散路线并简要画出撤离路线图,设定会合地,防止突发事件造成联络中断。在本地区和外地各选择一位在突发事件发生时能及时取得联系的联络人,并将其电话号码贴在家中电话机上或近旁。准备一张记录有本人名字、家庭住址、家庭成员、联络电话、年龄、血型、既往病史等信息的信息联络卡且一年更新一次,并在邻居家备份。妥善存放保险单、房契、合同、财产清单、存折等重要单据,并准备复印件。

(3)核对安全事项。

针对家庭中存在的安全隐患逐一进行核对,看是否注意到了一些重要的安全事项,如:检查家中电线有无老化、裸露甚至断裂等情况,家人是否知道电源总开关的位置和切断总电源的方法;家中是否堆积有易燃易爆物品,等等。

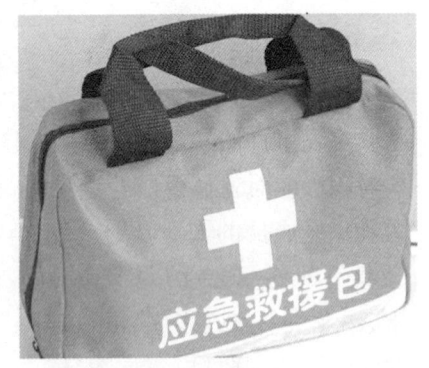

(4)准备家庭应急救援包。

为了应对可能发生的意外灾害,作为防灾的重要手段,每个家庭都应准备一个家庭应急救援包,配备充足的应急物品,以备意外灾害发生时可用应急救援包中的物品进行自救或互救。

①家庭应急救援包应有应急物品、应急药品。应急物品主要包括水、食品、应急工具、卫生物品、衣物、特殊物品。所准备的水要足够3天的家庭用水,以每人每天4升的标准储存在干净、密封、易携带的塑料瓶中,每6个月更换一次;若有儿童、老人、病人则需加量。食品要求是开袋即食、不需冷藏、少含或不含水分,轻便易携带的固体食品,如饼干、面包、方便面等。应急工具可为简易灭火器,承重力不小于200千克、直径为25至

30毫米、外裹阻燃材料的应急逃生绳,其他如锤子、多用刀、指南针、哨子等。卫生物品包括牙刷、牙膏、梳子、刮胡刀等个人卫生用品,香皂、洗衣粉等洗洁用品,用来装垃圾的塑料袋或塑料桶等。衣物方面,至少要为每位家庭成员备有两套换洗衣物,以及帽子、手套、雨衣、袜子、毯子等。根据情况可配备一些特殊物品,如尿布、奶瓶、奶粉等婴儿

用品,眼镜、隐形眼镜等大人用品,驾照、银行卡、房产证、结婚证明等重要的家庭文件。还应该在家中或车里常备一个医药包装应急药品,医药包中应有药用棉花、消毒纱布、绷带、剪刀、体温计、棉棒等医用材料,碘酒、眼药水、烫伤药膏、跌打膏药、创可贴等外用药,止泻药、退烧片、保心丸、止痛片、抗生素等内服药等。

②准备的家用急救用品要让家庭成员都知道放置的具体位置,也要保证家中每个成员都清楚一些重要急救用品的使用方法。

③准备的各项物品必须装在密封塑料袋或密封容器中。救援包要求儿童不能打开。要定期更换家庭急救用品中的食品和药品,注意保质期。

④每年都要重新整理和添减有关物品。衣物要随季节变化作出适当的调整。

家庭应急救援包宜选择易搬运的塑料包、背包等。

第二部分　自然灾害及其应急

一、气象灾害与洪涝灾害类

1. 风灾

造成风灾的风主要包括大风、台风、龙卷风三类。

大风,指的是很强劲的风。从风速的角度讲,瞬时风速大于等于13.8米/秒(风力7级)的风,称为大风。大风时,陆地上树枝折断;广告牌、房屋等被刮坏;人迎风行走时阻力很大,难以进行高空作业;海上船只需靠港停泊。

风灾

台风,是一种热带气旋。在气象学上,按照世界气象组织的定义,热带气旋中心持续风速达到每秒32.7米或以上(风力12级)的称为飓风。而北太平洋西部(赤道以北,国际日期变更线以西,东经100°以东),热带气旋则被称为台风。

龙卷风,是在极不稳定的天气下由于空气的强烈对流运动而产生的一种伴随着高速旋转的漏斗状云柱的强风涡旋。其中心附近风速可达100～200米/秒,最大风速可达300米/秒,比台风中心最大风速大好几倍。龙卷风到来时,会产生沉闷逼人的巨大呼啸声,或"像千万条蛇发出的嘶嘶声",或"像几十架喷气式飞机、坦克在刺耳地吼叫",或"类似火车头或汽船的叫声"。龙卷风的破坏性极强:所经之处,大树被连根拔起,车辆被掀翻并损坏,建筑物被摧毁,人被吸走,从而造成极其严重的人员伤亡和财产损失。

以上三种风除有时会造成人员伤亡、失踪外,主要破坏房屋、车辆、船舶、树木、农作物以及通讯设施、电力设施等,还容易引发暴雨、火灾等次生灾害。

应急须知

(1)应当立即停止高空、水上等户外作业;立即停止露天的集体活动并疏散人群。

(2)在路上行走时,要弯腰将身体紧缩,尽可能抓住附近的栏杆等固定物,但不要在高大的建筑物、广告牌下方停留。

(3)在家时,要及时加固门窗,以及棚架等容易被风吹动的搭建物,切断危险的室外电源,断落的电线应请专业人员修理。

(4)驾车时,应低速行驶或暂时停车。停车的位置应远离房屋、广告牌、枯树等。当乘汽车遭遇龙卷风时,应立即停车并下车躲避,防止汽车被卷走、发生爆炸等。

(5)在野外,要就近到小屋或洞穴中躲避;若情况紧急,可以选择到没有土崩或洪水袭击危险的高地上、岩石下或森林中躲避。

(6)关注天气预报,做好防风准备,弄清楚自己所处的区域是否是大风要袭击的危险区域。

(7)行走时要特别注意,不要被高处坠落的砖头、瓦块等物砸伤。经过街角拐弯处时,要警惕可能有杂物迎面飞来。

(8)千万不要顺着风跑,否则自己无法控制,容易摔倒或碰撞到坚硬的物体上。如在野外遇到龙卷风,应在与龙卷风路径相反或垂直的低洼区躲避,因为龙卷风一般不会突然改变方向。

(9)室内人员不要在玻璃门窗附近逗留。屋顶瓦片被大风掀起时,暂时先不要到室外查看,以免被坠落的瓦片砸伤。当龙卷风向住房袭来时,要打开一些门窗,躲到小房间、密室或混凝土建的地下庇护所。

(10)风势突然停止时可能正处于大风眼时刻,不可贸然外出。确需行走时,应避开危险建筑、高层建筑与高层建筑之间的道路等。徒步者可选择雨衣作雨具,特别是学生应少使用雨伞;骑车者应下车步行,以免失去控制;开车者应减速慢行,注意加强观察,并避免将车辆停放在低地、桥梁、路肩及树下,以防淹水、塌方或压损。

特别提示

(1)屋外各种悬挂物体应立即取下或钉牢,并修剪树枝,以防暴风吹毁伤人。

(2)经常检查并加固活动房屋的固定物以及其他危险部位;检查并关

好门窗,迎风面之门窗应加装防风板,以防玻璃破碎;检查电力设施、设备和用电器,注意炉火、煤气、液化气,以防火灾。

(3)居住河边或低洼地带,应预防风灾引起的暴雨所造成的河水泛滥,及早撤到较高地区;如果居住在移动房或海岸线上、小山上、山坡上容易被洪水或泥石流冲的房屋里,要时刻准备撤离该地。

(4)台风预警信号分为四级:

①台风蓝色预警信号。24小时内可能或者已经受热带气旋影响,沿海或者陆地平均风力达6级以上,或者阵风8级以上并可能持续。

②台风黄色预警信号。24小时内可能或者已经受热带气旋影响,沿海或者陆地平均风力达8级以上,或者阵风10级以上并可能持续。

③台风橙色预警信号。12小时内可能或者已经受热带气旋影响,沿海或者陆地平均风力达10级以上,或者阵风12级以上并可能持续。

④台风红色预警信号。6小时内可能或者已经受热带气旋影响,沿海或者陆地平均风力达12级以上,或者阵风14级以上并可能持续。

2. 沙尘暴

沙尘暴,是沙暴和尘暴两者兼有的总称,是指强风把地面上的大量沙尘物质吹起并卷入空中,致使空气特别混浊、水平能见度小于1000米的严重风沙天气现象。其中,沙暴是指大风把大量沙粒吹入近地层所形成的挟沙风暴,尘暴则是指大

风把大量尘埃及其他细粒物质卷入高空所形成的风暴。

沙尘天气分为浮尘、扬沙、沙尘暴和强沙尘暴四类。

浮尘：尘土、细沙均匀地飘浮在空中，使水平能见度小于10千米的天气现象。

扬沙：风将地面尘沙吹起，使空气相当混浊，水平能见度在1~10千米的天气现象。

沙尘暴：强风将地面大量尘沙吹起，使空气很混浊，水平能见度小于1千米的天气现象。

强沙尘暴：大风将地面尘沙吹起，使空气浑浊不堪，水平能见度小于500米的天气现象。

沙尘暴天气可造成房屋倒塌、交通供电受阻或中断、火灾、人畜伤亡等，污染自然环境，破坏作物生长，给国民经济建设和人民生命财产安全造成严重的损失和极大的危害。沙尘暴的危害主要在以下几方面。

(1)生态环境恶化。出现沙尘暴天气时狂风裹着沙石、浮尘弥漫周围空间，凡是经过的地区空气浑浊，呛鼻迷眼，呼吸道等疾病人数增加。

(2)影响生产生活。沙尘暴天气时狂风携带的大量沙尘蔽日遮光，天气阴沉，造成太阳辐射减少，几小时甚至十几个小时的恶劣能见度容易使人情绪低落，工作、学习效率降低。轻者可使大量牲畜患呼吸道及肠胃疾病，严重时将导致大量"春乏"牲畜死亡，刮走农田沃土、种子和幼苗。沙尘暴还会使地表层土壤风蚀、沙漠化加剧，覆盖在植物叶面上厚厚的沙尘影响植物正常的光合作用,致使农作物大量受灾甚至绝收。沙尘暴还会使气温急剧下降,天空如同撑起了一把遮阳伞,地面处于阴影之下变得昏暗、阴冷。

(3)影响交通安全。沙尘暴天气经常影响交通安全,造成飞机不能正常起飞或降落,使汽车、火车车厢玻璃破损,造成火车的停运或脱轨。

(4)危害人体健康。当人暴露于沙尘暴天气中时,含有有毒化学物质、病菌等的尘土可透过层层防护进入口、鼻、眼、耳中。含有大量有害物质的尘土若得不到及时清理,将损害这些器官或病菌经这些器官进入人体,引发多种疾病。

应急须知

(1)及时关闭门窗,必要时可用胶条对门窗进行密封。

(2)外出时要戴口罩,用纱巾蒙住头和面部,以免沙尘侵害眼睛和呼吸道而造成损伤。

(3)应特别注意交通安全。车辆应减速慢行,驾驶员要密切注意路况,谨慎驾驶。行车时打开示宽灯、雾灯、尾灯,尽可能多鸣笛来警示其他车辆。

(4)要妥善安置易受沙尘暴损坏的室外物品。

(5)远离河流、湖泊、水池,以免被吹落水中溺水。

特别提示

(1)关注预报,做好防风防沙的各项准备。

(2)应减少外出,必须外出时要带上防沙尘用具和通讯工具。

(3)沙尘暴可能诱发过敏性疾病、流行病等传染病。发生强沙尘暴天气时不宜出门,尤其是老人、儿童及患有呼吸道过敏性疾病的人最好不要出门。

(4)沙尘暴预警信号分为三级:

①沙尘暴黄色预警信号。12小时内可能出现沙尘暴天气(能见度小于1000米),或者已经出现沙尘暴天气并可能持续。

②沙尘暴橙色预警信号。6小时内可能出现强沙尘暴天气（能见度小于500米），或者已经出现强沙尘暴天气并可能持续。

③沙尘暴红色预警信号。6小时内可能出现强沙尘暴天气（能见度小于50米），或者已经出现特强沙尘暴天气并可能持续。

3. 暴雨

暴雨是降水强度很大的雨。我国气象学规定，24小时降雨量为50毫米或以上的雨称为"暴雨"。按其降水强度，暴雨分为三个等级，即24小时降水量为50～99.9毫米的称"暴雨"；100～199.99毫米的称"大暴雨"；200毫米以上的称"特大暴雨"。

暴雨是一种灾害性天气，往往造成洪涝灾害和严重的水土流失，导致工程失事、堤防溃决和农作物被淹等重大的经济损失。特别是对于一些地势低洼、地形闭塞的地区，雨水不能迅速排出造成农田积水和土壤水分过度饱和，会造成更多的灾害。由于各地降水和地形特点不同，所以各地暴雨洪涝的标准也有所不同。

暴雨的危害主要有两种。①渍涝危害。由于暴雨急而大，排水不畅易引起积水成涝，土壤孔隙被水充满，造成陆生植物根系缺氧，使根系生理活动受到抑制，产生有毒物质，使作物受害而减产。②洪涝灾害。由暴雨引起的洪涝淹没作物，使作物新陈代谢活动难以正常进行而造成各种伤害；淹水越深，淹没时间越长，危害越严重。特大暴雨引起的山洪暴发、河流泛滥，不仅会危害农作物、果树、林业和渔业，还会冲毁农舍和工农业设施，甚至导致人畜伤亡，造成严重的经济损失。我国历史上的洪涝灾害，几乎都是由暴雨引起的。

应急须知

（1）危房及地势低洼住宅里的居民应及时转移，注意夜间的暴雨，提防旧房屋倒塌伤人。

（2）住平房的居民预防内涝，可因地制宜，在家门口放置挡水板、堆置沙袋或堆砌土坎。室外积水漫入室内时，应立即切断电源，防止积水带电伤人。

（3）要关闭煤气阀和电源总开关。

（4）要立即停止田间农事活动和户外活动。

（5）在户外积水中行走时，要注意观察，贴近建筑物行走，防止跌入窨井、地坑等。

（6）驾驶员遇到路面或立交桥下积水过深时，应尽量绕行，避免强行通过。

（7）汽车在低洼处熄火，千万不要在车上等候，要下车到高处等待救援。

特别提示

（1）不要将垃圾、杂物等丢入下水道，以防堵塞，积水成灾。

（2）家住平房的居民应在雨季来临之前检查房屋，维修房顶。

（3）暴雨期间尽量不要外出，必须外出时应尽可能绕过积水严重的地段。

（4）在郊外旅游时，要注意防范山洪、滑坡和泥石流。当上游来水突然混浊、水位上涨较快时，要特别提高警惕。

（5）暴雨预警信号分为四级：

①暴雨蓝色预警信号。12小时内降雨量将达50毫米以上，或者已达50毫米以上且降雨可能持续。

②暴雨黄色预警信号:6小时内降雨量将达50毫米以上，或者已达50毫米以上且降雨可能持续。

③暴雨橙色预警信号。3小时内降雨量将达50毫米以上，或者已达50毫米以上且降雨可能持续。

④暴雨红色预警信号。3小时内降雨量将达100毫米以上，或者已达100毫米以上且降雨可能持续。

4. 雷电天气

雷雨天气常常会产生强烈的放电现象。一般来说，雷雨云层之间的放电对飞行器有危害，对地面上的建筑物和人、畜影响不大，但云层对大地的放电则对建筑物、电子电气设备和人、畜危害甚大；如果放电击中人员、建筑物或各种设备，会造成人员伤亡和经济损失。

值得注意的是，现代社会，因电子设备的大量应用，被称为感应雷击的雷击现象日益严重，仅仅依靠防避"直接雷击"的避雷针防雷已远远不能满足当今社会的需求。感应雷击是由于雷雨云的静电感应或放电时的电磁感应作用，使建筑物上的金属物件如管道、钢筋、电线、反应装置等感应出雷雨云电荷相反的电荷，造成放电引起的。

一台电子设备招引感应雷击的通道主要有四条：①天线、馈线引入。②电源线路引入。③信号线路引入。信号线路的种类很多，高频信号传输线路、程控电话线路、电脑数据处理线路等都可能引入强大的雷电信号而击坏电子设备。④接地线路引入。

应急须知

(1)雷雨天气时，在室内，要注意关闭门窗，防止球形雷窜入室内造成危害。室内人员应远离门窗、水管、煤气管等金属物体；要关闭家用电器，拔掉电源插头,防止雷电从电源线路入侵。要把电视机室外天线与电视机脱离,而与地线相连。

（2）在室外时,要尽量离开山丘、海滨、河边、池塘边,要及时躲避,远离孤立的大树、高塔、电线杆等。不要在空旷的野外停留。在空旷的野外无处躲避时,不要跑动,应尽量寻找低洼之处(如土坑)藏身,躺倒在地或者立即下蹲,双脚并拢,双臂抱膝,头部下俯,降低自身位势、缩小暴露面。

（3）如多人共处室外,相互之间不要挤靠,以防被雷击中后电流互相传导。

（4）走路时要注意观察,尽可能绕过积水严重地段,防止跌入窨井及坑、洞中。不要惊慌、乱跑,以免因出汗散热产生电荷而遭雷击。

（5）尽量不要拨打或接听电话。在户外,不要使用手机。

（6）雷暴天气出门要穿胶鞋,穿塑料衬质等不浸水的雨衣,这样可以起到绝缘作用。不要用金属杆的雨伞,不要把铁锹、锄头扛在肩上。不宜开摩托车、骑自行车,不要骑在牲畜上。人在汽车内一般不会遭到雷电袭击,因为封闭的金属导体有很好的防雷功能,但要注意不要将头和手伸出窗外。

（7）雷雨天尽量少洗澡,太阳能热水器用户切忌洗澡。

（8）对被雷击中人员,应立即采取心肺复苏法抢救。

特别提示

(1)每天要收听天气预报,采取防范措施。

(2)高大建筑上必须安装避雷装置,防御雷击灾害。

(3)不要将晒衣服、被褥用的铁丝接到窗外、门口,以防雷雨天气时铁丝引雷。

(4)雷电预警信号分为三级:

①雷电黄色预警信号。6小时内可能发生雷电活动,可能会造成雷电灾害事故。

②雷电橙色预警信号。2小时内发生雷电活动的可能性很大,或者已经受雷电活动影响,且可能持续,出现雷电灾害事故的可能性比较大。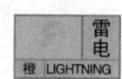

③雷电红色预警信号。2小时内发生雷电活动的可能性非常大,或者已经有强烈的雷电活动发生,且可能持续,出现雷电灾害事故的可能性非常大。

5. 冰雹

冰雹,也叫做"雹",俗称雹子,有的地区叫做"冷子",夏季或春夏之交最为常见。它是一些小如绿豆、黄豆,大似栗子、鸡蛋的冰粒。我国北方的山区及丘陵地区,地形复杂,天气多变,冰雹多,对农业危害很大。猛烈的冰雹会打毁庄稼,损坏房屋,甚至砸伤、砸死人员和牲畜。特大的冰雹比柚子还大,会毁坏大片农田和树木,摧毁建筑物和车辆等,具有强大的杀伤力。雹灾是我国严重的自然灾害之一。

冰雹有以下特征:①区域性强,每次冰雹的影响范围一般宽约几十米到数千米,长约数百米到10多千米;②历时短,一次狂风暴雨或降雹时间

一般只有2~10分钟,少数在30分钟以上;③受地形影响显著,地形越复杂,冰雹越易发生;④年际变化大,在同一地区,有的年份连续发生多次,有的年份发生次数很少,甚至不会发生;⑤发生区域广,从亚热带到温带的广大气候区内均可发生,但以温带地区发生次数居多。总的说来,冰雹灾害是由强对流天气所引起的一种剧烈的气象灾害,它出现的范围虽然较小,时间也比较短促,但来势猛、强度大,并常常伴随着狂风、强降水、急剧降温等阵发性灾害性天气过程。

冰雹

应急须知

(1)妥善保护易受冰雹袭击的汽车等室外物品或者设备。

(2)老人、小孩应留在家中,不要外出。

(3)户外行人应立即到安全的地方暂避。

(4)要将家禽、牲畜等赶到带有顶篷的安全场所。

(5)不要进入孤立的棚屋、岗亭等建筑物或大树底下,出现雷电时应当关闭手机。

特别提示

(1)在多雹地带,种植牧草和树木,增加森林面积,改善地貌环境,破坏雹云条件,达到减少雹灾的目的;可增种抗雹和恢复能力强的农作物;成熟的作物及时抢收。

(2)多雹灾地区降雹季节,下地干活时要随身携带防雹工具,如竹篮、柳条筐等,以减少人员伤亡。

(3)注意天气变化,做好防雹和防雷电准备。

(4)注意防御冰雹天气伴随的雷电灾害。

(5)冰雹预警信号分为二级:

①冰雹橙色预警信号。6小时内可能出现冰雹天气,并可能造成雹灾。

②冰雹红色预警信号。2小时内出现冰雹可能性极大,并可能造成重雹灾。

6.暴雪

24小时降雪量(融化成水)达5毫米以上的降雪称为大雪。24小时降雪量(融化成水)大于等于10毫米的降雪称为暴雪。大雪天气往往伴随道路结冰现象,给出行带来很多安全隐患,非常容易发生交通和行人跌伤等事故。

对于降雪量,在气象学上是有严格规定的。降雪量是气象观测者用一定标准的容器,将收集到的雪融化成水后测量得到的数值,以毫米为单位,降雪量有24小时和12小时的不同标准。在天气预报中通常是预报白天或夜间的天气,这主要是指24小时的降雪量。

应急须知

(1)如果在室外,要远离广告牌、临时搭建物,以免被砸伤。路过桥下、屋檐等处时,要小心观察或绕道通过,以免因冰凌融化脱落而遭受伤害。

(2)在冰雪路面上行车,应安装防滑链,佩戴有色眼镜或变色眼镜。行车应减速慢行,转弯时避免急转以防侧滑,踩刹车不要过急、过死。非机动车应给轮胎少量放气,以增加轮胎与路面的摩擦力。

(3)要听从交通民警指挥,服从交通疏导安排。发生交通事故后,应在现场后方设置明显标志,以防二次事故的发生。

(4)要及时扫除道路上的积雪。

特别提示

(1)尽量待在室内,不要外出,特别是老人及体弱者应避免出门。

(2)注意收听天气预报和交通讯息,以免因机场、高速公路、轮渡码头等停航或封闭而耽误出行。

(3)外出时要采取保暖防滑措施,当心路滑跌倒。

(4)积极采取防冻措施,农牧区要储备饲料,做好防雪灾和防冻害准备,加固棚架等易被雪压塌的临时搭建物。

(5)能见度在 50 米以内时,机动车最高时速不得超过 30 千米,并保持车距。

(6)暴雪预警信号分为四级:

①暴雪蓝色预警信号。12 小时内降雪量将达 4 毫米以上,或者已达 4 毫米以上且降雪持续,可能对交通或者农牧业有影响。

②暴雪黄色预警信号。12小时内降雪量将达6毫米以上，或者已达6毫米以上且降雪持续，可能对交通或者农牧业有影响。

③暴雪橙色预警信号。6小时内降雪量将达10毫米以上，或者已达10毫米以上且降雪持续，可能或者已经对交通和农牧业有很大影响。

④暴雪红色预警信号。6小时内降雪量将达15毫米以上，或者已达15毫米以上且降雪持续，可能或者已经对交通和农牧业有很大影响。

7. 大雾

在水汽充足、微风及大气层稳定的情况下，如果接近地面的空气冷却到某种程度时，空气中的水汽便会凝固成细微的水滴悬浮于空气中，使地面水平的能见度下降，这种大气现象称为雾。雾可以分为五个等级：能见度1～10千米为轻雾；能见度500～1000米为雾；能见度200～500米为大雾；能见度50～200米为浓雾；能见度50米以下为强浓雾。

大雾

雾天，污染物与空气中的水汽相结合，将变得不易扩散和沉降，这使得污染物大部分聚集在人们经常活动的高度。而且，一些有害物质与水汽结合,会变得毒性更大,因此,雾天空气的污染比平时要严重得多。而且,雾中的颗粒很容易被人吸入并在人体内滞留,加剧了有害物质对人体的损害程度。如果长时间滞留在大雾环境中,人体吸入有害物质后,会消耗营养,造成机体内损,极易诱发或加重疾病。尤其是一些患有对环境敏感的疾病,如支气管哮喘、肺炎等呼吸系统疾病的人,会出现血液循环阻碍,导致心血管病、高血压、冠心病、脑出血等。另外,由于有雾时的能见度大大降低,很多交通工具都无法使用,如飞机等;或使用效率降低,如汽车、轮船等。

应急须知

(1)大雾天气出行,应注意交通安全。

(2)大雾天气要减少户外活动时间,在户外时戴上围巾、口罩,保护好皮肤、咽喉、关节等部位,中老年、儿童、身体虚弱的人更应重点防护。

(3)雾天锻炼身体,对身体造成的损伤远比锻炼的好处大。因此,雾天不宜锻炼身体。

(4)机动车驾驶员应打开防雾灯,密切关注路况。行驶中要减速慢行,控制好车速、车距。

(5)在高速公路上行驶的车辆,遇大雾天气能见度过低时,应立即减速慢行,并将车驶向最近的停车场或服务区停放。

特别提示

(1)有呼吸道疾病或心脏疾病的人大雾天不要外出。

(2)大雾天湿度大,电力设备的绝缘表面会发生击穿现象,可能会造成停电。因此,家中应准备一些照明用具。

(3)大雾预警信号分三级:

①大雾黄色预警信号。12小时内可能出现能见度小于500米的雾,或者已经出现能见度小于500米、大于等于200米的雾并将持续。

②大雾橙色预警信号。6小时内可能出现能见度小于200米的雾,或者已经出现能见度小于200米、大于等于50米的雾并将持续。

③大雾红色预警信号。2小时内可能出现能见度小于50米的雾,或者已经出现能见度小于50米的雾,并将持续。

8. 寒潮

寒潮是冬季的一种灾害性天气,常被称为寒流。所谓寒潮,就是北方的冷空气大规模地向南侵袭我国,造成大范围急剧降温和偏北大风的天气过程。寒潮多发生在秋末、冬季、初春时节。我国气象部门规定:冷空气侵入造成的降温,一天内达到10℃以上且最低气温在5℃以下,则称此冷空气爆发过程为一次寒潮过程。可见,并不是每一次冷空气南下都形成寒潮。寒潮会造成沿途大范围的剧烈降温、大风和雨雪天气。

我国位于亚欧大陆的东南部。从我国往北去,就是蒙古国和俄罗斯

的西伯利亚。西伯利亚是气候很冷的地方,再往北去,就到了地球最北的地区——北极。那里比西伯利亚地区更冷,寒冷期更长。影响我国的寒潮就是在那些地方形成的。入侵我国的寒潮主要有四条路径:①西路:从西伯利亚西部进入我国新疆,经河西走廊向东南推进;②中路:从西伯利亚中部和蒙古进入我国后,经河套地区和华中南下;③从西伯利亚东部或蒙古东部进入我国东北地区,经华北地区南下;④东路加西路:东路冷空气从河套下游南下,西路冷空气从青海东南下,两股冷空气常在黄土高原东侧,黄河、长江之间汇合,造成大范围的雨雪天气,出现大风和明显降温。

应急须知

(1)要关好门窗,紧固室外易被大风吹动的搭建物。

(2)外出当心路滑跌倒。心血管病人、哮喘病人等对气温变化敏感的人群尽量不要外出。

(3)采用煤炉取暖的家庭要提防煤气中毒。

(4)要注意收听收看寒潮消息或警报,海上船舶要及时返航。

(5)对农作物、畜群等要采取适当的保护措施。

特别提示

(1)密切关注寒潮预报,提前做好防灾准备。

(2)当气温发生骤降时,要注意添衣保暖,特别是要注意手、脸的保暖。

(3)事先对农作物、畜群等做好防寒准备。

(4)寒潮预警信号分为四级:

①寒潮蓝色预警信号。48小时内最低温度将要下降到8℃以下,最低气温小于等于4℃,陆地平均风力可达5级以

上;或者已经下降8℃以上,最低气温小于等于4℃,平均风力达5级以上,并可能持续。

②寒潮黄色预警信号。24小时内最低温度将要下降到10℃以下,最低气温小于等于4℃,陆地平均风力可达6级以上;或者已经下降10℃以上,最低气温小于等于4℃,平均风力达6级以上,并可能持续。

③寒潮橙色预警信号。24小时内最低温度将要下降到12℃以下,最低气温小于等于0℃,陆地平均风力可达6级以上;或者已经下降12℃以上,最低气温小于等于0℃,平均风力达6级以上,并可能持续。

④寒潮红色预警信号。24小时内最低温度将要下降到16℃以下,最低气温小于等于0℃,陆地平均风力可达6级以上;或者已经下降16℃以上,最低气温小于等于0℃,平均风力达6级以上,并可能持续。

9. 高温天气

气象学上,可将气温在35℃以上的天气称为"高温天气";如果连续几天最高气温都超过35℃,则称为"高温热浪"天气。一般来说,高温通常有两种情况,一种是气温高而湿度小的干热性高温;另一种是气温高、湿度大的闷热性高温,俗称"桑拿天儿"。

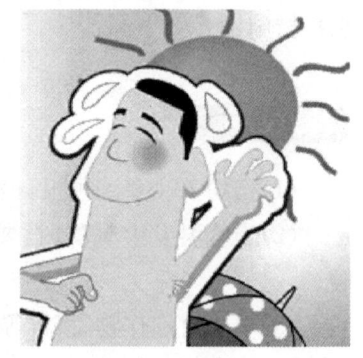

高温天气对人体健康的主要影响是发生中暑,诱发心脑血管疾病导致死亡。人体在高温环境中,体温调节机制暂时发生障碍,体内热蓄积导致中暑。中暑按发病症状与程度,可分为:热虚脱,是中暑的最轻度表现;热辐射,指长期在高温环境中工作,导致下肢血管扩张、血液淤积,发生昏倒现象;日射病,指长时间暴晒,导致排汗功能障碍。对高血压、心脑血管疾病患者来说,在高温、潮湿、无风的低气压的环境里,排汗受到抑制,体内蓄热量不断增加,心肌耗氧量增加,心血管处于紧张状态;闷热导致人体血管扩张,血液黏稠度增加,易发生脑出血、脑梗死、心肌梗死等症状,严重的可能导致死亡。在夏季闷热的天气里,还易出现热伤风(夏季感冒)、腹泻和皮肤过敏等疾病。原因是在高温环境中,人体代谢旺盛,能量消耗较大,而闷热又常使人睡眠不足、食欲缺乏,造成人体免疫力下降,此时如果不加节制地使用空调或电扇来解暑,人体长时间处于过低温度环境里,机体适应能力减退、抵抗力下降,病菌、病毒就会乘虚而入,极易引起上呼吸道感染(感冒);另外,高温、高湿环境中,细菌、病毒等微生物大量滋生,食物极易腐败变质,食用后会引起消化不良、急性胃肠炎、痢疾等的发生;再者,人们从室外高温环境里回到家中,习惯马上打开空调或用电扇直吹,吃些冰镇食品,这一冷一热,马上就开始腹泻。闷热天气,人体排汗不畅,还容易导致皮肤过敏症;对于10岁以下的儿童来说,主要表现为丘疹样荨麻疹、湿疹、接触性皮炎。

应急须知

(1)多喝白开水、盐开水、绿豆汤等防暑饮品,饮食以清淡为宜,要保证睡眠。

(2)白天尽量少到户外活动,外出时要采取防晒措施,以免被阳光灼伤皮肤。

(3)如有人中暑,应将病人移至阴凉通风处,给病人服用防暑药品。如果病情严重,应立即送医院就诊。

(4)老人、心脑血管疾病等患者要减少户外活动,一旦感到身体不适或者有发病迹象,应立即到医院进行检查。

(5)夏天要常备仁丹、藿香正气水、清凉油等防暑药品。

特别提示

(1)大汗淋漓时,切忌猛饮冰水、冰冻饮料以及用冷水洗澡。

(2)空调温度不宜过低,避免长时间处在空调环境中,要适当开窗通风或到户外活动。

(3)过强的紫外线容易导致皮肤病或皮肤癌,因此应尽量减少午后高温时段的户外活动或作业,注意防暑降温。

(4)高温预警信号分为三级,分别用黄色、橙色、红色表示。其中,高温黄色预警信号的标准是:连续三天日最高气温在35℃以上;高温橙色预警信号的标准是:24小时内最高气温升至37℃以上;高温红色预警信号的标准是:24小时内最高气温升至40℃以上。

10. 洪水

洪水通常是指由暴雨、急骤融冰化雪、风暴潮等自然因素引起的江河湖海水量迅速增加或水位迅猛上涨的现象。洪水可致农田受淹,村庄被冲,房屋倒塌,财产受损,甚至造成人员伤亡。

洪水

从客观上说,洪水频发有其不可抗拒的自然原因,近些年来,洪水暴发的频率越来越高。但人口增长、扩大耕地、围湖造田、乱砍滥伐等人为破坏,也在不断地改变着地表状态,改变了汇流条件,加剧了洪灾程度。降水丰亏由天,调水理水由人。在降水多的年份,降水能否造成灾害,以及造成灾害的大小,与人为因素密切相关。长期以来的森林破坏是造成洪水灾害的重要原因。森林作为陆地生态系统的主体,具有涵养水源、保持水土、调节气候等多种功能,对洪峰有不可替代的削减作用。森林的调洪作用主要表现在：①森林树冠可以通过它巨大的叶面截滞暴雨里的一部分，可达 10%～30%；②它的枯枝落叶层有储存雨水的功能；③由于森林的存在，大大加强了地表的渗透能力，大量的急速的地表径流变成了缓慢的地下径流；④森林可以改变土壤的地表结构，增强储存降水的能力；⑤森林根系庞大，有固土作用，调节洪水注入江河的泥沙。有洪水不一定有洪灾，而破坏了森林，小洪水也可能造成大洪灾。

应急须知

(1)洪水到来，难以及时转移时，要迅速向就近的山坡、高地、楼房等地转移，或者立即爬上屋顶、大树、高墙等高的地方暂避。

(2)如果洪水继续上涨，暂避的地方已难保时，要充分利用门板、桌椅、木床、大块的泡沫塑料等能漂浮的材料扎成筏逃生。

(3)如果已被洪水包围，要设法与当地政府防汛部门取得联系，报告自己的方位和险情，积极寻求救援。

(4)千万不要在洪水中游泳逃生，不可攀爬到带电的电线杆、铁塔上，也不要爬到泥坯房的屋顶避险。

(5)如已被卷入洪水中，要尽可能抓住固定的或能漂浮的东西，寻找机会逃生。

(6)发现高压线铁塔倾斜或者电线断头下垂时，一定要迅速逃避，防止触电。

洪水肆虐

(7)要根据当地电视、广播等媒体提供的洪水信息,结合自己所处的位置和条件,冷静地选择最佳路线撤离。

(8)要明确撤离的路线和目的地,以免因为惊慌而走错路。

(9)要备足速食食品或蒸煮够食用几天的食品或救生口粮,以及饮用水和日用品。

特别提示

(1)要将不便携带的贵重物品提前作防水处理后捆扎埋入地下或放到高处,票款、首饰等小件贵重物品可缝在衣服内随身携带;不可心存侥幸或因打捞财物而错过避险时机,造成不必要的伤亡。

(2)保存好尚能使用的通讯设备,照明用具如手电筒、蜡烛、打火机等,以及颜色鲜艳的衣物及旗帜、哨子等可以做信号的物品。

(3)洪水过后整治环境时,要注意食品卫生,避免接触疫水,预防疫病的流行。

二、地震与地质灾害类

1. 地震

地震,又称地动,是地球的某个部分在内外力作用下突发剧烈运动而引起地面震动的现象。地震往往造成房屋倒塌、地面破坏,并引发火灾、水灾、有害气体泄漏等次生灾害。

地震波发源的地方,叫做震源。震源在地面上的垂直投影,地面上离震源最近的一点称为震中。它是接受振动最早的部位。震中到震源的深度叫做震源深度。通

地震

常将震源深度小于60千米的叫做浅源地震,深度在60~300千米的叫做中源地震,深度大于300千米的叫做深源地震。同样大小的地震,由于震源深度不一样,对地面造成的破坏程度也不一样。震源越浅,破坏越大,但波及范围也越小,反之亦然。破坏性地震一般是浅源地震。

地震时释放的能量的大小可以用地震震级来描述。一次地震释放的能量越多,地震级别就越大。目前国际上一般采用的是里氏震级。小于里氏震级2.5的地震,人们一般不易感觉到,称为小震或者是微震;里氏震级2.5~5.0的地震,震中附近的人会有不同程度的感觉,称为有感地震,全世界每年发生十几万次;大于里氏震级5.0的地震,会造成建筑物不同程度的损坏,称为破坏性地震。里氏震级4.5以上的地震可以在全球范围内监测到。

同样大小的地震,造成的破坏不一定是相同的;同一次地震,在不同的地方造成的破坏也不一样。通常用地震烈度来衡量地震的破坏程度。在中国地震烈度表上,对人的感觉、一般房屋震害程度和其他现象作了描述,可以作为确定烈度的基本依据。影响烈度的因素有震级、震源深度、距震源的远近、地面状况和地层构造等。

地震的地理分布受一定的地质条件控制,具有一定的规律。地震大多分布在地壳不稳定的部位,特别是板块之间的消亡边界,形成地震活动活跃的地震带。全世界主要有三个地震带。一是环太平洋地震带,包括南、北美洲太平洋沿岸,阿留申群岛、堪察加半岛、千岛群岛、日本列岛,经我国台湾再到菲律宾转向东南直至新西兰。这是地球上地震最活跃的地区,集中了全世界80%以上的地震。此地震带是在太平洋板块和美洲板块、亚欧板块、印度洋板块的消亡边界,南极洲板块和美洲板块的消亡边界上。二是欧亚地震带,大致从印度尼西亚西部,缅甸经我国横断山脉,喜马拉雅山脉,越过帕米尔高原,经中亚细亚到达地中海及其沿岸。此地震带是在亚欧板块和非洲板块、印度洋板块的消亡边界上。三是中洋脊地震带,包含延绵世界三大洋(即太平洋、大西洋和印度洋)和北极海的中洋脊。中洋脊地震带仅含全球约5%的地震,此地震带的地震几乎都是浅源地震。

应急须知

(1)如果是在平房,抱紧头部迅速向室外跑,来不及的话可躲在牢固的桌子下、床下及坚固的家具旁,同时用被褥、枕头、脸盆等物体护住头部。如果房屋开始倒塌,千万不要移动,要等到地震停止后再撤到室外或等待救援。

(2)不要待在床上,要远离吊顶、吊灯、无支撑物的空房间,外墙,玻璃和大窗户,水泥预制板墙,门柱等危险处。

(3)可以暂避到空间小、有支撑的房间,这样的房间承重墙根、墙角等易形成三角空间。选择好躲避处后应尽量蜷曲身体,降低重心。

(4)躲进房间后,要把门打开,以便于逃生或他人救援。

(5)千万不要地震一停止就立即回家去找东西,要防余震。

(6)如果是在街上,抱紧头部迅速跑到空旷地蹲下,避开房屋、立交桥、高压线等。

(7)如果是在野外,应避开山脚、陡崖,防止滚石、滑坡、山崩等;遇到山崩、滑坡或泥石流时,要向垂直于它的前进方向跑,千万不可顺着它的前进方向跑,特别要注意保护好头部。

(8)如果是在驾车行驶,要迅速避开立交桥、陡崖、电线杆等,尽快找到空旷处停车。

(9)如果是在车辆中,要立即驶离立交桥、高楼下、陡崖边等危险地段,在开阔路面停车避震时不要跳车,应在地震过后再下车疏散。

(10)被埋压后,尽量用湿毛巾、衣物等捂住口鼻,防止灰尘呛闷发生窒息。要尽量活动手脚,清除脸上的灰土和压在身上的物件;要用周围可以挪动的物品支撑身体上方的重物,以免进一步塌落。要扩大活动空间,保持足够的空气,保存体力,耐心地等待救援。不要盲目大声呼救;当听到人声时,要用硬物敲打墙壁、铁管等发出信号。

(11)参加震后搜救时,应该注意搜寻被困人员的呼喊、呻吟和敲击器物的声音;不可使用利器刨挖,以免伤人;找到被埋压者时,要及时清除其口鼻内的尘土,使其呼吸畅通;已发现幸存者但解救困难时,首先应输送新鲜空气、水和食物,然后再想其他办法救援。

(12)对于怀疑有外伤或骨折者,应尽可能保持伤者的原有体位。

特别提示

(1)大震前的前兆主要有:

①地下水异常。由于地下岩层受到挤压或拉伸,地下水位或上升或下降;地壳内部气体和某些物质可能随水溢出,而使地下水冒泡、发浑、变味等。

②动物异常。震前一两天,牛、马赶不进圈,乱蹦乱跳,嘶叫不止,烦躁不安,饮食减少;一些猪、羊不吃食,烦躁不安,乱跑乱窜;狗狂叫不止;

鸡不进窝,惊啼不止;鸭不下水;家兔乱蹦乱跳,惊恐不安;鸽子在震前数天惊飞,不回巢;蜜蜂一窝一窝地飞走;老鼠反应最灵敏,在震前一天至数天,老鼠会突然跑光,有的叼着小老鼠搬家;有些冬眠的蛇爬出洞,上树;鱼惊慌乱跳游向岸边,翻白肚等。

③地光和地声。地光和地声是地震前夕或地震时从地下或地面发出的光亮及声音,是重要的临震预兆。

(2)地震发生时要始终保持镇静,分析所处环境,寻找出路,等待救援。对于震动不明显的地震,大可不必惊慌失措,没有必要外逃。

(3)地震时户外情况复杂,应注意观察,选择恰当的方法避险,以免意外伤亡。

(4)被埋压后,要保持冷静,设法自救;要坚定自救的信心,要有勇气面对困难,精神不能崩溃;也不要盲目行动,尽可能闭目休息,放松身体,保存体力。

(5)我国地震烈度区分表。

1度:无感,仅仪器能记录到。

2度:微有感,特别敏感的人在完全静止中有感。

3度:少有感,室内少数人在静止中有感,悬挂物轻微摆动。

4度:多有感,室内大多数人,室外少数人有感,悬挂物摆动,不稳器皿作响。

5度:惊醒,室外大多数人有感,家畜不宁,门窗作响,墙壁表面出现裂纹。

6度:惊慌,人站立不稳,家畜外逃,器皿翻落,简陋棚舍损坏,陡坎滑坡。

7度：房屋损坏，房屋轻微损坏，牌坊、烟囱损坏，地表出现裂缝及喷沙冒水。

8度：建筑物破坏，房屋多有损坏，少数路基塌方，地下管道破裂。

9度：建筑物普遍破坏，房屋大多数破坏，少数倾倒，牌坊、烟囱等崩塌，铁轨弯曲。

10度：建筑物普遍摧毁，房屋倾倒，道路毁坏，山石大量崩塌，水面大浪扑岸。

11度：毁灭，房屋大量倒塌，路基堤岸大段崩毁，地表发生很大变化。

12度：山川易景，建筑物普遍毁坏，地形剧烈变化，动植物遭毁灭。

2. 海啸

海啸是指由风暴或海底地震造成的海面恶浪并伴随巨响的现象，是地球上最强大的自然力造成的。海底地震、火山爆发或海底塌陷和滑坡等大地活动都可能引起海啸。

地震发生时，海底地层发生断裂，部分地层出现猛然上升或者下沉，由此造成从海底到海面的整个水层发生剧烈

海啸

"抖动"。这种"抖动"与平常所见到的海浪大不一样。海浪一般只在海面附近起伏，涉及的深度不大，波动的振幅随水深衰减很快。地震引起的海水"抖动"则是从海底到海面整个水体的波动，其中所含的能量惊人。海啸时掀起的狂涛骇浪，高度可达10多米至几十米不等，形成"水墙"。另外，海啸波长很大，可以传播几千千米而能量损失很小。由于以上原因，如果海啸到达岸边，"水墙"就会冲上陆地，对人类生命和财产造成严重威胁。

应急须知

(1)地震是海啸最明显的前兆。如果感觉到大地有较强的震动,不要靠近海边、江河的入海口,海啸有时会在地震发生几小时后到达离震源上千千米远的地方。

(2)听到海啸预警后,海上船只不应该返回港湾,因为海啸在海港中造成的落差和湍流非常危险。如果有足够时间,应该在海啸到来前把船开到开阔海面;如果没有时间开出海港,所有人都要从停泊在海港里的船上撤离。

(3)海啸登陆时海水往往明显升高或降低,如果看到海面后退速度异常快,应立即撤离到内陆地势较高的地方。

(4)在室外,听到海啸警报后要远离低洼地区。

(5)如果海岸线附近有高层建筑物,海啸到来时来不及转移到高地,可以暂时到这些建筑物的高层躲避。

特别提示

(1)如果听到附近有地震的报告,要做好防海啸的准备,注意收看电视和收听广播,要召集所有人员一起撤离到安全区域,同时听从当地应急管理部门的指挥。

(2)海啸等异常海洋活动会把深海鱼卷上浅海。因此,深海鱼类出现在海面上,很可能是海啸等海洋异常活动的征兆,应注意防范。

3. 泥石流

泥石流是指在山区或者其他沟谷深壑、地形险峻的地区,因为暴雨、暴雪冲刷或其他原因引发的山体滑坡并携带有大量泥沙以及石块的特殊洪流。

典型的泥石流由悬浮着粗大固体碎屑物并富含粉砂及黏土的黏稠泥浆组成。在适当的地形条件下,大量的水体浸透流水山坡或沟床中的固体堆积物质,使其稳定性降低,饱含水分的固体堆积物质在自身重力作用下发生运动,就形成了泥石流。泥石流是一种灾害性的地质现象,全过程一般只有几个小时,短的只有几分钟。泥石流的形成需要三个基本条件:

有陡峭便于集水集物的适当地形;上游堆积有丰富的松散固体物质;短期内有突然性的大量流水冲刷。泥石流爆发突然、来势凶猛,可携带巨大的石块。因其高速前进,具有强大的能量,因而破坏性极大。泥石流大多伴随山区洪水而发生。它与一般洪水的区别是洪流中含有足够数量的泥沙石等固体碎屑物,其体积含量最少为15%,最高可达80%左右,因此比洪水更具有破坏力。

泥石流对人类的危害具体表现在四个方面。

(1)对居民点的危害。

冲进乡村、城镇,摧毁房屋、工厂、企事业单位及其他场所设施,造成人畜伤亡和财产损失。

(2)对农田的破坏。

毁坏耕地,破坏农作物、林木,甚至造成农作物绝收。

(3)对公路和铁路的危害。

泥石流可直接埋没车站、铁路、公路,摧毁路基、桥涵等设施,致使交通中断,还可引起正在运行的火车、汽车颠覆,造成重大的人身伤亡事故。有时泥石流汇入河道,引起河道大幅度变迁,间接毁坏公路、铁路及其他构筑物,甚至迫使道路改线,造成巨大的经济损失。

(4)对水利水电工程的危害。

主要是冲毁水电站、引水渠道及过沟建筑物,淤埋水渠,并淤积水库、磨蚀坝面等。

(5)对矿山的危害。

主要是摧毁矿山及其设施,淤埋矿山坑道、伤害矿山人员、造成停工停产,甚至使矿山报废。

> 应急须知

(1)面对泥石流的突发,一定要保持冷静,在弄清泥石流威胁的范围的前提下及时逃离险区。

(2)躲避泥石流时不应顺沟向下游跑,而应向沟的两侧跑,但不要停留在凹坡处。不要躲在有滚石和大量堆积物的陡峭山坡下面以及低洼的地方,也不要攀爬到树上躲避。

(3)如果正处在运动的滑坡体上而没有时间逃离滑坡体,可抱紧附近粗大的树木等以求自保,这时可利用身边的衣物等保护好头部。

(4)将压埋在泥浆或倒塌建筑物中的伤者救出后,应立即清除其口、鼻、咽喉内的泥土及痰、血等,排出其体内的污水。对昏迷的伤者,应使其侧卧,头后仰,尽量保持呼吸道的通畅;如有外伤应先进行止血、包扎、固定等处理,然后送医院救治。

> 特别提示

(1)预防泥石流主要有以下措施:

①房屋不要建在沟口和沟道上。从长远的观点看,绝大多数沟谷都有发生泥石流的可能。因此,在村庄选址和规划建设过程中,房屋不要占据泄水沟道,也不宜离沟岸过近;已经占据沟道的房屋应迁移到安全地带。在沟道两侧修筑防护堤和营造防护林,可以避免或减轻泥石流的危害。

②不能在沟谷中随意弃土、弃渣、堆放垃圾;否则,当弃土、弃渣量很大时,可能在沟谷中形成堆积坝,堆积坝溃决时必然发生泥石流。因此,在雨季到来之前,要清除沟道中的障碍物,保证沟道有良好的泄洪能力。

③保护和改善山区生态环境。泥石流的产生和危害程度与生态环境有着密切的关系。一般来说,生态环境好的区域,泥石流发生的频度低、

影响范围小;生态环境差的区域,泥石流发生的频度高、危害范围大。在村庄附近营造一定规模的防护林,不仅可以抑制泥石流形成、降低泥石流发生频度,而且即使发生泥石流,也多了一道保护生命财产安全的屏障。

④山区降雨普遍具有局部性特点,沟谷下游是晴天,沟谷上游不一定也是晴天。"一山分四季,十里不同天"就是群众对山区气候变化无常的生动描述。即使在雨季的晴天,同样也要提防泥石流灾害。

(2)泥石流发生前的迹象:河流突然断流或水势突然加大,并夹有较多柴草、树皮;深谷或沟内传来类似火车轰鸣或闷雷般的声音;沟谷深处突然变得昏暗,并有轻微震动感等。

(3)去山地活动时,要选择平整的高地作为营地,尽可能避开河道弯曲的凹岸或地方狭小高度又低的凸岸。

(4)当遇到长时间降雨或暴雨时,应留心泥石流检测预警等信息,警惕泥石流的发生。雨季穿越沟谷时,先要仔细观察,确认安全后再快速通过。

4. 滑坡

滑坡是指斜坡上的土体或者岩体,受河流冲刷、地下水活动、地震及人工砌坡等因素影响,在重力作用下,沿着一定滑动面,整体地或者分散地顺坡向下滑动的自然现象,俗称"走山"、"垮山"、"地滑"、"土溜"等。

滑坡常常给工农业生产以及人民生命财产造成巨大损失。滑坡对乡村最主要的危害是摧毁农田、房舍,伤害人畜,毁坏森林、道路以及农业机械设施和水利水电设施等,造成停电、停水、停工,有时甚至会毁灭整个城镇。

应急须知

（1）如果遇到山体滑坡来不及转移时，不应向滑坡体上方或下方跑而应尽快向两侧稳定地区撤离。

（2）当处于滑坡体上而无法撤离时，可以找一块坡度较缓的开阔地停留，但不要靠近房屋、围墙、电线杆等，应迅速抱住身旁的树木等固定物体。

（3）确定自己处于安全地带后，要尽快向相关部门报告灾情并求救。

（4）处在滑坡体上时，应保持冷静，不能慌乱，以免浪作出错误的决定，耽误了避险的时机。

特别提示

（1）滑坡的预兆（前兆）主要有：

①大滑动之前，滑坡体前缘坡脚处堵塞多年的泉水突然复活，或者出现泉水（井水）突然干枯，井（钻孔）水位突变等异常现象。

②在滑坡体前部出现横向及纵向放射状裂缝，反映滑坡体向前推挤并受到阻碍，已进入临滑状态。

③大滑动之前，滑坡体前缘坡脚处土体出现上隆（凸起）现象，说明滑坡正在向前推挤。

④大滑动之前,有岩石开裂或被剪切挤压的音响,反映滑坡体深部变形与破裂。

⑤滑坡体四周岩(土)体出现小型崩塌和松弛现象,说明滑坡即将发生。

⑥滑坡体后缘的裂缝急剧扩展,并从裂缝中冒出热气或冷风。

⑦临滑之前,在滑坡体范围内的动物惊恐异常、植物变态,如猪、狗、牛惊恐不宁、不入睡,老鼠乱窜不进洞,树木枯萎或歪斜等。

(2)当处于非滑坡区而发现可疑的滑坡活动时,应立即报告邻近的村、乡、县等有关政府部门或单位。

5.崩塌

崩塌(崩落、垮塌或塌方),是较陡斜坡上的岩土体在重力作用下突然脱离母体崩落、滚动、堆积在坡脚(或沟谷)的地质现象。产生在土体中者称土崩,产生在岩体中者称岩崩,规模巨大、涉及山体者称山崩。大小不等、零乱无序的岩块(土块)呈锥状堆积在坡脚的堆积物,称崩积物,也称为岩堆或倒石堆。山体坡度大于45°,或山坡成孤立山嘴、凹形陡坡等形状,以及坡体上有明显裂缝,均容易发生崩塌。崩塌常导致道路中断、堵塞,或使坡脚处建筑物毁坏倒塌;如发生洪水,还可能直接转化为泥石流。更严重的是,因崩塌堵河断流而形成天然坝,会引起上游回水,使江河溢流,造成水灾。

应急须知

(1)崩塌即将发生或正在发生时,应马上撤离,千万不要进行排土、清理水沟等作业。

(2)行车中遭遇崩塌不要惊慌,应迅速离开有斜坡的路段。因崩塌造成车流堵塞时,应听从交警指挥,接受疏导。

(3)大雨过后,虽然天气转晴,但在5至7天内仍有发生崩塌的可能,因此,虽然崩塌没有发生,撤出的人员也不要天气一转晴就急着搬回去居住。

(4)夏汛期间去山区峡谷时,一定要事先收听当地天气预报,不要在大雨后或连续阴雨天进入山区峡谷。

(5)雨季时切忌在危岩附近停留。

(6)不要在凹形斜坡、危岩突出的地方避雨、休息和穿行,不要攀登危岩。

特别提示

(1)岩崩的发生大致有以下的规律:

①特大暴雨、连续降雨的过程中或稍后易发生崩塌。

②在6级以上的强震过程中,震中区(山区)通常有崩塌发生。

③开挖坡脚过程之中或滞后一段时间,常发生崩塌。

④水库蓄水初期及河流洪峰期尤其在退水后产生崩塌的几率增大。

⑤强烈的机械震动及大爆破之后易发生崩塌。

(2)崩塌发生前一般会有以下前兆:

①崩塌体后部出现裂缝。

②崩塌体前缘掉块、土体滚落、小崩小塌不断发生。

③坡面出现新的破裂变形,甚至发生小面积土石剥落。

④岩质崩塌体偶尔发出撕裂摩擦破碎声。

第三部分　事故灾难及其应急

一、火灾类

1. 家庭失火

近年来，随着生活水平的提高，各种导致火灾发生的不安全因素大为增加，使家庭火灾呈上升趋势，并集中于用电、用气、老人和小孩用火不慎等引起的火灾。

归纳起来，引发家庭火灾的主要因素有：一是电气设置不规范，现在家电日益增多，长时间、超负荷使用或产品质量不过

关，极易使家用电器起火燃烧，引发火灾；二是家用燃器具违章操作或维护不到位，不注重对液化气灶具的维修和保养，液化气管道破损漏气引发火灾；三是生活中麻痹大意，缺乏消防常识，因用火不慎或在家庭中存放危险品等引发火灾。

第三部分 事故灾难及其应急

应急须知

(1)报警。一旦有火灾发生,要在第一时间拨打"119"火警电话报警或呼救,报警时要说明发生火灾的原因,告之具体的地点,并留下姓名和联系电话,如果能联系他人到火灾发生地附近有明显标识的地点,去迎接救援人员,将会提高救援效率。

(2)及时灭火。家庭发生火灾后,要及时灭火。灭火时,要根据起火的原因和燃烧物质的种类,采取有针对性的方法。如果是棉被、衣服、沙发等着火,应该用水灭火。如果是油锅起火,就不能用水浇的方法灭火了,因为这样做会使油溅出,导致火势蔓延。正确的灭火方法是迅速向锅内倒入切好的蔬菜,如果火势较大,可用湿棉被等捂住,通过隔绝空气达到灭火的效果。如果是家用电器导致的火灾,应在第一时间内切断电源,再用湿棉被等捂住,使其隔绝空气,而达到灭火的效果。要注意的一点是,在电视机或电脑等起火时,为避免显像管爆炸后伤到人,要从其侧面靠近。如果是吃火锅时,因添加酒精起火,要用碗碟等盖在上面灭火。如果火势已经蔓延开来,要用湿棉被等及早捂住。切忌在酒精起火时,用嘴吹的方法灭火。如果是煤气着火,就要用湿棉被捂住,并在第一时间关闭煤气阀门。如果发生火灾的房间是密闭的,这时切忌开窗,以免加速空气流通使火势蔓延。

(3)逃生。火灾发生后,要尽快寻找路线逃生,切忌因留恋火灾现场的财物,而返回寻找,错过逃生的最佳时机。逃生时,为了防止中毒或窒息,要尽早戴上防烟面具,也可就地取材,用毛巾沾水后捂鼻,背朝烟火的方向尽快逃离火灾现场。在逃生的过程中,要用湿衣服裹住身子,并尽量贴近地面穿过烟区,这是因为贴近地面的空间往往还有一些未被污染的空气。逃生过程中,如果身上的衣物着火,要就地打滚,或跳入附近的水中。

(4)自救。如果火势已经蔓延,大火封门,没有办法逃出时,要把迎火的门窗关闭,并用湿毛巾或湿布堵塞门缝,不让烟火进入。如果没有路线可以逃生,要尽量在阳台或窗口等地方等待救援。被困时,要寻求一切有效手段向外求援,可通过手机、固定电话等求援,也可以用敲打发出声音,用手电筒向外照射,摇动衣物,向外面扔东西等方式发送求救信号。

特别提示

(1)平时要使逃生通道和安全出口保持畅通,不要在阳台、过道、走廊和楼梯口等地方堆放杂物。

(2)不要乱接、乱拉电线,家中的保险丝不要用铜丝或铁丝替代。对电力线路定期检查,发现有老化的电线,要尽快更换,经常检查导线接头及插座连接是否紧密。家用电器不要超负荷运行。

(3)在离家前或睡觉前,要检查电器具有没有断电,燃气阀门有没有关闭,还有没有尚未熄灭的明火。不要随便丢烟头,不要躺在床上吸烟,对香烟、蚊香、蜡烛等要提高警惕,严加防范,以免引发火灾。

(4)一些堆放时间过长会发生自燃的物品,如湿稻草、棉花、豆饼等的堆放时间不要太长,且堆放期间要经常翻动。

(5)不要随便在家中焚烧丢弃物。因为丢弃物中可能藏有液化气残液、鞭炮等易燃易爆品,易引发火灾。利用电器或煤炉取暖时,要注意安全。炉灰如果没有彻底熄灭,不要倾倒,炉灶附近不要放置可燃易燃的物品,草垛要远离房屋堆放。

(6)加强对厨房内的液化气等的安全管理。检查液化气灶导气软管是否漏气;一定要按照正确的程序进行操作:先打开瓶阀、后启动点火开关阀,结束时先关闭气瓶阀断气、再关闭点火开关阀。在日常生活中,应对液化气灶、导气软管、气瓶作定期保养,切忌漏气时操作、加热罐体、倒卧罐体操作。多数家庭火灾发生在厨房,所以做饭时尽量不要离开人,更不能长时间无人看管;不要把食品、毛巾、抹布等放在煤气炉等炉具上;窗帘及其他物品尽可能离炉具远些。要经常清除炉具上的油污和溢出的食物,学会用锅盖或大盘子扑救较小的油火,不要在油火上泼水。看管好孩子,不要让孩子玩火和摆弄煤气炉。

(7)家中要常备灭火器具。要备有家用灭火器、灭火毯、防烟面具、应急逃生绳和手电筒等,并学会正确使用。

2.人员密集场所火灾

《建筑设计防火规范》(2006年版)中明确给出了人员密集场所的定义,即同一时间内聚集人数超过50人的公共活动场所,如宾馆、饭店、商场、市场、体育场馆、会堂、公共娱乐场所等。人员密集场所人数多、人员密度较大,一旦发生火灾,常常会因为人员慌乱,拥挤,而使得通道被阻塞,很容易发生相互踩踏的惨剧,也会因为所采取的逃生方法不对,而造成人员伤亡。

应急须知

（1）发生火灾后，不要惊慌失措、盲目乱跑，一定要头脑清醒，要沿着疏散指示标志的指示方向进行逃生。要有秩序地疏散，不能乱跑乱挤，以免发生踩踏事故。如果有广播，要仔细倾听，根据广播提供的线索寻找疏散路线。在有现场疏导人员时，要听从现场疏导人员的指挥，有秩序地逃生。

（2）火势蔓延时，应用湿毛巾或湿衣服捂住口鼻，放低身体，尽量贴近地面，弯腰或者匍匐前进。快速、有序地向安全出口撤离。尽量避免逃生过程中大声呼喊，以免将有毒烟雾吸入呼吸道。在逃离烟雾区时，要朝明亮处或外面空旷处跑，因为火势一般会向上蔓延，因此要尽量从楼上往下面跑。

（3）就地取材，在火灾现场积极寻求逃生物资，可利用毛巾、窗帘布等浸湿后捂住口、鼻，避免吸入烟雾。也可以用毛巾、地毯、窗帘等制成绳索后，牢系在窗栏上，顺绳滑至安全楼层，开辟逃生途径。也可利用室内放置的应急逃生绳等逃生。

（4）根据火灾现场的情况，寻求可供利用的有利条件如牢固的落水管、避雷网等，开辟逃生渠道。可以利用建筑物设施，如建筑物的阳台、避难层逃生。也可以利用落水管、房屋外的突出部分和通向室外的窗口逃生，或转移到安全区域后再寻找逃生机会。逃生过程中，要做到胆大心细，特别是老、弱、病、残、妇、幼等人员，逃生过程中切忌盲目从事，否则容易发生伤亡。逃生时，不要互相推挤，也不要跳楼。一般而言，对于3层以上的建筑，不提倡跳楼。

（5）如果出现无路可逃的情况，要积极寻找避难场所，如阳台、楼顶等待救援人员的到来。避难场所一般要选择火势、烟雾难以蔓延的房间,如厕所等,避难时要关好门窗,并用湿毛巾、毛毯等盖在门上,不断地往上面浇水冷却,防止外部的火焰和烟气侵入。如果周围环境条件允许,要寻找出阳台、屋顶、窗口和外墙的突出部位,以便于救援人员发现。并通过喊话、招手、打开手电筒等方式向外界发送求救信号,以引起救援人员注意,帮助脱险。

(6)逃生时,要保持一定的秩序,千万不要拥挤。

(7)从火灾现场逃离房间后,应尽快关紧房门,使火势和浓烟控制在一定的空间内。

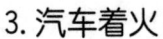

(1)进入人员密集场所后要尽早熟悉场所的环境,了解安全出口所在的位置。一般在人员密集场所的大门背后和主要通道都贴有逃生疏散图,要对这些有大体的了解,并清楚该处的消防安全设施(如灭火器)和安全出口方位,以防万一。人员密集场所的安全出口都有应急标志,平时应留心。

(2)尽量不要去安全条件较差、人员较多的场所。

(3)学会使用消防器材,不要堵塞消防通道。

3.汽车着火

随着经济的发展,汽车已成为现代社会使用最为广泛的交通工具,汽车引发的火灾在火灾案例中所占的比例也逐渐增大。

造成汽车火灾的原因主要有:

(1)电器或电线路起火:这是最为常见的汽车着火,主要因电线老化破损或自行随意改装线路造成搭铁短路而着火,也有电器设备老化或者自改设备负荷超载造成着火的。

(2)燃油或润滑油泄漏:这是最大的火灾隐患,也是汽车火灾中比较常见的。引擎重负荷长时间运转,超高温的排气管就能使泄漏的油污燃烧,引起大火。

(3)撞击引起火灾:汽车油箱的容量为20升至200升不等。当汽车撞击时,其能量通过金属变形的方式得到释放,有时则会直接触及供油系统造成爆炸起火;有时则会损坏电气线路及各种设备造成短路打火,引起燃油着火。

(4)机械摩擦起火:汽车发动机的润滑油系统缺油,机件的表面相互接触并做相对运动,摩擦产生高温,如接触到可燃物可导致火灾的发生。

(5)人为不慎失火:在车里吸烟时,火柴蒂、烟头处理不当,可引发汽车火灾。汽车上的可燃物如座椅、棉丝和随车运送的棉纺织品、纸制品等燃点大多低于烟火温度,如遇到烟火,就会被引燃。当汽车行驶时,由于负压作用和向前行驶时气流流动惯性,使驾驶室后部形成涡流,很容易将抛出的烟头卷入汽车槽箱内引燃可燃物,造成火灾。

(6)化油器回火引起火灾:汽车在行驶状态或启动时,有时会产生化油器回火现象。有的驾驶员在汽车油路出现故障时冒险蛮干,采用直接向化油器供油的办法违章行驶。因汽车多数是下吸式压力供油,油量能够控制,而人为地从上而下自流供油,其流量无法控制。这种情况极易引起化油器回火,导致汽车发生火灾。造成化油器回火的其他因素有可燃混合气的比例调节不当、点火过早或者点火顺序错乱等。

(7)天气高温,引起汽车自燃而着火。

(8)车上载有危险化学品,遇明火而发生火灾。

汽车火灾的特点是:

(1)着火快,燃烧猛。汽车用汽油作燃料,燃点低,易挥发,点火能量小,遇火即可爆燃;油品及橡胶管、轮胎等均为易燃物品,火灾荷载大,燃烧时产生巨大热量,易造成猛烈燃烧;汽车在行驶中,供氧充足,促使火势迅猛发展。

(2)爆炸燃烧,大面积蔓延。汽车起火后,常伴有油箱、油管等盛油容器爆炸破裂,引起油品飞溅,形成大面积火灾。

(3)易造成人员中毒,疏散困难。车体的橡胶、塑料构件及其所载物品,在燃烧过程中产生有毒有害烟雾。如因撞车、翻车起火,车门被碰撞挤压变形,开启困难,人员来不及疏散,易造成人员伤亡。

(4)发动机部位易起火。汽车发动机部位油、电系统和火源、热源相对集中,尤其是在行驶过程中,故障率较高,着火频率大。

(5)火灾损失大。汽车行驶途中,远离消防队和居民区,一旦起火,来不及救助,易造成较大的损失。

应急须知

(1)汽车发动机着火时,驾驶员应迅速停车,如车上有乘车人员,应让乘车人员打开车门自己下车,然后切断电源,取下随车灭火器,对准着火部位的火焰正面猛喷,扑灭火焰。

(2)汽车车厢货物着火时,驾驶员应将汽车驶离人员集中的场所停下,并迅速向消防队报警。同时,应及时取下随车灭火器扑灭火焰。当火一时扑灭不了时,应劝围观群众远离现场,以免油箱爆炸,造成无辜群众伤亡。

(3)汽车在加油过程中着火时,驾驶员不要惊慌,要立即停止加油,迅速将车开出加油站,用随车灭火器或加油站的灭火器等将油箱上的火焰扑灭,或者将衣服盖住油箱上的火焰进行灭火。如果地面有流散的燃料时,应用库区灭火器或沙土将地面火扑灭。

(4)汽车在修理过程中着火时,修理人员应迅速上车或钻出地沟,迅速切断电源,用灭火器或其他灭火器材灭火。

(5)如果发生火灾的地点是在车库或者停车场内,驾驶员要迅速估计火情,应第一时间将发生火灾的汽车开出或者推出库外,与其他车辆分隔开来,并迅速报警或通知消防部门,组织人员灭火。

(6)如果车上有易燃易爆的物品,要及时把它们卸下。如果货物着火了,也要尽快卸下货物,进行灭火。如果汽车着火后会危及周围群众或可能引发更大的灾害,在采取灭火等措施时,必须将汽车行驶到安全区域。如果汽车上发生火情,并会危及周围房屋、电线电缆,或者附近有易燃物品时,应该尽快隔离火场,采取措施控制火情,减少损失。

(7)汽车被撞着火时,由于车辆零部件损坏,乘车人员伤亡一般比较严重,首要任务是设法救人。如果车门没有损坏,应打开车门让乘车人员逃出,一般同时可利用扩张器、切割器、千斤顶、消防斧等工具配合消防队救人灭火。

(8)汽车发生火灾时,要特别冷静果断,首先应考虑到救人和报警,视着火的具体部位而确定逃生和扑救方法。如着火的部位在汽车中间,驾驶员开启车门后,乘客应从两头车门下车,驾驶员和乘车人员再扑灭火焰、控制火势。如果车上线路被烧坏,车门开启不了,乘客可从就近的窗户下车。如果火焰封住了车门,车窗因人多不易下去,可用衣物蒙住头从车门处冲出去。当乘坐密闭较好的空调客车时,要注意观察逃生窗位置、安全锤位置,一旦发生火灾,车门无法逃生时,可迅速取安全锤敲击逃生窗玻璃边缘、边角,击碎玻璃逃生,女同志还可以用高跟鞋鞋跟击碎玻璃逃生。

(9)发生汽车火灾时,即使出现乘车人员衣服被烧着的情况,也不要惊慌,身上着火的人不要乱跑,应该保持头脑冷静,并及时采取有效措施:在来得及脱下衣服时,要迅速将着火的衣服脱下,扔在地上,用脚将火踩灭;如果来不及脱下衣服,立即就地打滚,使火熄灭;当他人身上的衣服着火时,即刻脱下自己的衣服,捂灭他人身上的火。如果车上或就近有灭火器,应用灭火器进行灭火。

特别提示

(1)做好车辆的日常检查。定期检查电器、开关、灯座、制动灯开关等的插接头(或连接头)是否有松动或脱落等情况。特别要注意检查点火开关、蓄电池等大电流的电器件接线柱、导线的连接、绝缘等是否可靠。经常检查运动零件、车架、油箱、化油器、坐垫等油漆件、漏油件、易燃物周围的导线、插接头、开关件、线夹等处是否有"破皮"。经常检查发动机及底盘是否有漏油现象。

(2)防止电线短路。一旦发现电流表指示很大的放电电流、电器(如大灯、空调电机等大负荷用电设备)工作突然中断、闻到胶皮臭味或见到机罩盖边隙处和仪表台附近冒烟,应迅速靠边停车熄火,断开全车总电源开关,查清原因排除故障。

(3)不违章操作。汽车电气线路不能乱接,以免造成局部线路负荷过大,令线路发热,引发火灾。汽车蓄电池电流容量很大,违章操作会使蓄电池产生电弧引发火灾。对车辆的小毛病要及时维修,不能违章操作。行车过程中一旦出现故障,应尽量靠边停车,如果自己不能解决,等待专业求援,切忌自己动手乱操作。

(4)不违章存放危险物品。日常生活中的打火机、香水、摩丝等也是构成车辆火灾的危险品。如果将这些物品放在车内容易被太阳光线聚焦的地方,也具有一定的火灾危险性。普通车辆应尽量不载放汽油、酒精等危险品。

(5)防止发动机回火。发现回火时,要检查油路和电路,油路可能是混合气过稀、点火时间过晚等造成,也有可能是气缸击穿、进气歧管垫漏气造成,一旦发现此类情况需进行调整。

4. 森林火灾

森林火灾指的是失去人为控制,火情在林地内自由蔓延和扩展,给森林、生态系统和人类造成一定危害和损失的灾害。它具有突发性强、破坏性大、处置救助较为困难等特点。

森林火灾一般分为地表火、林冠火和地下火三种。

地表火:一般温度在400℃左右,烟为浅灰色,

约占森林火灾的94%。火沿林地表面蔓延,烧毁地被物,危害幼树、灌木等,烧伤大树干基部和露出地面的树根等。

树冠火:火沿树冠蔓延,主要由地表火在强风的作用下引起,破坏性大,能烧毁树叶、树枝和地被物等,一般温度在900℃,烟柱可高达数千米,常发生飞火,烟为暗灰色,不易扑救,是森林火灾中最为严重的一种。

地下火:又称泥炭火或腐殖质火。火在林地的腐殖质层或泥炭层中燃烧,地表看不见火焰,只见烟雾,蔓延速度缓慢,每小时仅4~5米,持续时间长,能持续几天、几个月或更长的时间,可一直烧到矿物质层或地下水层,破坏性大,能烧掉土壤中所有的泥炭、腐殖质和树根等,不易扑灭。火烧后林地往往出现成片倒木。

森林大火不仅无情毁灭森林中的各种生物,破坏陆地生态系统,而且其产生的巨大烟尘将严重污染大气环境,直接威胁着人类的生存,对居民财产、交通、大气环境和人们日常生活造成影响,而且扑救森林火灾需耗费大量的人力、物力、财力,给国家和人民生命财产带来巨大损失,扰乱所在地区经济社会发展和人民生产、生活秩序,直接影响社会稳定。

应急须知

(1)如果当地有森林火灾发生,要在第一时间拨打"119"火警报警调度中心电话。报警时,要准确报告起火单位的名称、地址和具体方位,并对火情作出较为具体的描述,如报告火场的燃烧面积、燃烧的植被种类。

(2)如果发现自己已经被大火围困,并且所处的位置是在半山腰时,要快速向山下跑,尽快逃离火灾现场,切忌往山上跑。

(3)如果已身处森林火场中央,此时一定不要慌,要保持头脑清醒,判明火势大小、火苗燃烧的方向,观察附近的情况,再寻找机会逃生。

(4)如果发现自己已经身陷危险无法冲出火圈时,要选择树木和杂草相对较少、火情较轻的地方,扒开表层浮土,直到看到湿土,把脸埋进小坑里面,再用衣服包住脑袋,双手放在身体前方,以避开火头。

(5)要密切注意风向,根据风向选择逃生的方向。对风力的大小也要有所注意,特别是在刮大风时,火灾会失控,会增大逃生的难度。对风向的转变要特别留心,如果火灾现场无风,也不能麻痹大意,因为可能意味着风向会发生变化,风向一旦发生变化又躲避不及的话,会造成人员伤亡。

(6)如果有烟尘袭来,这个时候就要用湿毛巾或湿衣服捂住口和鼻,赶紧躲避。如果无法及时躲避,也要选择附近没有可燃物的平地卧倒,以躲避烟尘。还有一点是,一定要记得不能选择在低洼地带或坑、洞中躲避,这些地方往往会沉积烟尘。

(7)当森林大火向自己扑来且处在下风向时,就要作出决定,用衣服蒙住头,憋一口气,迎着风向猛冲突围。一定不能顺着风向逃生。要向已被火烧过的地方,或者树木和杂草较少,或者地势平坦的地方转移。在时间还来得及的情况下,要主动点火,把周围的一些可燃物烧掉,烧出一片空地,再进入空地卧倒。

(8)从火灾现场逃生成功后体力往往消耗过大,在火灾现场附近休息的时候,要防蚊虫叮咬,防毒蜂和野兽的侵袭。如果是结伴出行的,还要清点人数,如果发现有掉队的,就要向当地的有关单位和救援人员寻求支援。

特别提示

(1)如果知道火灾肇事者,要及时向森林公共安全机关报告情况,提供相关线索,如果情况允许,最好是控制或抓获嫌疑人。

(2)森林防火工作实行"预防为主,积极消灭"的方针。

(3)森林扑火要坚持"打早、打小、打了"的基本原则。

(4)规定本地的森林防火期,并做好本期间的工作。以青岛市为例,每年的11月1日至次年的5月31日是森林防火期。其中,2月1日至5月10日是森林高火险期。在森林防火期内,林区要严禁任何单位和个人违反规定用火。

(5)森林火灾发生后,在救灾时,一定要服从当地人民政府或森林防火指挥部的统一组织和指挥。

附:灭火器

灭火器在火灾的扑救过程中,起着十分重要的作用,正确掌握灭火器的使用方法,可以快速有效地处置初起火灾。按照所充装的灭火剂种类,可将灭火器分为泡沫、干粉、卤代烷、二氧化碳等。按移动方式的不同,可分为手提式和推车式。按驱动灭火剂的动力来源可分为储气瓶式、储压式、化学反应式等。家庭常用的灭火器主要是干粉灭火器、二氧化碳灭火器和小型家用灭火器。

(1)手提式ABC干粉灭火器。

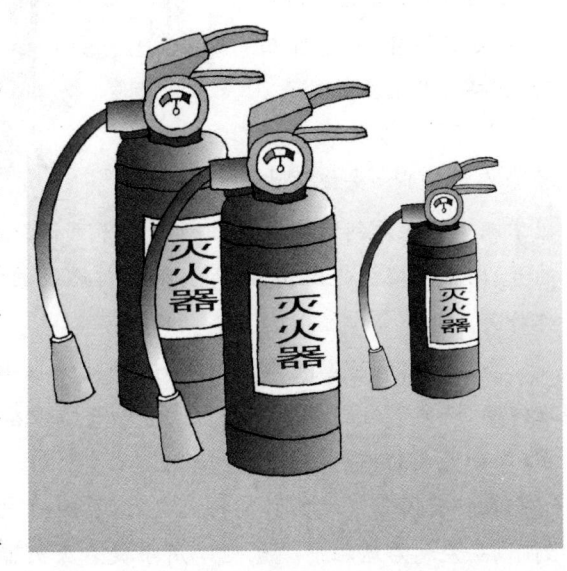

手提式ABC干粉灭火器使用磷酸铵盐(ABC)干粉作为灭火剂,以氮气作为驱动气体,一起灌装在全封闭的容器内。当需要进行灭火时,打开开关,使氮气驱动ABC干粉灭火剂,喷射出来灭火。

该种灭火器适合用来扑救普通的固体材料

火灾(A类火)、可燃液体火灾(B类火)、气体火灾(C类火)、带电物质火灾(E类火)的初起火灾。其优点是重量轻、使用方便、灭火速度快、效率高、安全、可靠。已在工厂、学校、饭店、机关、仓库、车辆、船舶等单位和场所得到广泛应用。

需要进行灭火时,可用手提或肩扛灭火器快速赶到火灾现场,在离火约5米的地方,放下灭火器。如果发生火灾的地方是室外,人处于上风方向后对燃烧的物体喷射。操作外挂式储压式干粉灭火器时,要一手握住喷枪、一手拉起储气瓶上的提环开启灭火器。如果储气瓶的开关是手轮式的,就要将开关逆时针旋到最高位置后,提起灭火器。当灭火器喷出干粉后,要对准火焰的根部用扫射的方式进行灭火。在操作储压式干粉灭火器或内置式储气瓶时,首先把开启把上的保险销拔下,然后握住喷射软管前端的喷嘴部,另一只手打开灭火器后进行灭火的操作。

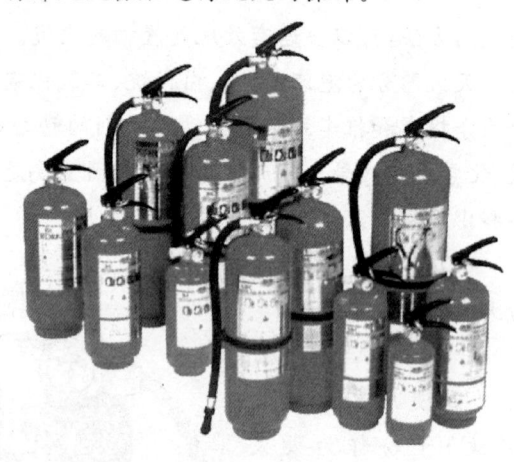

在用干粉灭火器进行可燃、易燃液体火灾的扑救时,要对准火焰的主要区域进行扫射。如果被扑救的液体呈流淌燃烧状态时,要由近到远、从左到右对准火焰的根部进行扫射,最终将火焰全部扑灭。

当可燃、易燃液体在容器内燃烧时,要把灭火器拿在手里从左到右晃动着扫射火焰根部,使喷射出的干粉覆盖在容器的开口;在火焰被赶出容器后,要继续对燃烧的物体喷射,最终将火焰全部扑灭。

当容器内有可燃液体在燃烧时,扑救过程中不要将灭火器的喷嘴对准液面,避免喷流造成的冲击力使可燃液体从容器内溅出,使火势变得严重,增加灭火的难度。

在扑救固体可燃物引发的火灾时,要对准火情最为严重的区域从上到下、从左到右地扫射。也可以用手提着灭火器,围着燃烧物边走边喷,将干粉灭火剂喷在其表面,最终将火扑灭。

(2)二氧化碳灭火器。

二氧化碳灭火器是根据二氧化碳不燃烧,也不支持燃烧的性质设计制作而成的;种类很多,主要有泡沫灭火器、干粉灭火器及液体二氧化碳灭火器。

二氧化碳灭火器能扑救一般的B类火灾,如油脂等引发的火灾,但不能扑救B类火灾中的水溶性可燃、易燃液体的火灾,如醇、醚等物质引发的火灾;也能扑救A类火灾,但是不能扑救带电设备引发的火灾E类及C类和D类火灾。目前,主要用于图书、档案、贵重设备、精密仪器、600伏以下电气设备及油类的初起火灾。二氧化碳灭火器的优点在于良好的流动性、高的喷射率以及不腐蚀容器且不易变质等。

将灭火器提到火灾现场后放下,拔出保险销,一只手握住喇叭筒根部的手柄,另一只手握紧启闭阀的压把。在使用没有喷射软管的二氧化碳灭火器时,要把喇叭筒往上扳70°~90°。使用过程中,不要直接用手抓住喇叭筒的外壁或金属连接管,以免手被冻伤。在室外使用时,人要站在上风方向对燃烧物进行喷射灭火。在室内使用时,使用后要尽快离开房间,以免窒息。

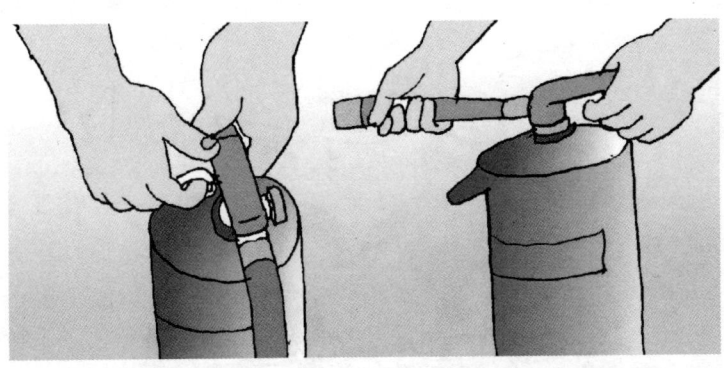

在提灭火器赶往火灾现场的过程中,不要让灭火器过于倾斜,更不能横着拿或颠倒着拿,避免两种药剂混合后提前喷出。当到达火灾现场时,在距离燃烧物约10米的地方,将筒体颠倒,一手握提环,一手扶住筒体底圈,对准燃烧物进行喷射。

扑救过程中,如果发现可燃液体已呈流淌状燃烧,此时应该由远而近对燃烧物进行喷射,使泡沫覆盖在燃烧的液体上。如果液体已经在容器里燃烧,这个时候要对着容器内壁喷射,使泡沫沿着内壁流淌覆盖着火的液面。而不能直接对准液面进行喷射,这样做泡沫会冲击燃烧的液面,将液体冲散甚至冲出容器,使火势蔓延开来。当用二氧化碳灭火器对固体物质引发的火灾进行扑救时,要对准燃烧最猛烈的地方。灭火过程中,为了使喷射出来的泡沫能一直覆盖燃烧物,操作者要逐渐向燃烧区靠近,直到将火彻底扑灭。在操作灭火器的过程中,要始终倒置灭火器,以免喷射中断。

二、交通安全类

1. 行人交通安全事故

行人发生交通事故的原因大多是过马路时不注意观察、斜穿或突然猛跑、折返,车辆避让不及而引起的。行人应当自觉遵守《道路交通安全法》,增强自我保护意识,避免发生交通事故。

应急须知

(1)行人应遵守通行规则,不能抢道、抢行,避免发生危险。要行走在人行道内,如果没有人行道,行人应在非机动车道右侧 1 米的路面行走。在发生行人与车辆的交通事故后,彼此协商不能解决时,要保护好事故现场。

(2)行人横过马路或通过路口时,要按照交通讯号灯的指示或听从交通民警的指挥。如果人行横道设有交通讯号控制,就要做到红灯停、绿灯行;如果路口没有设置交通讯号,一定要注意来往的车辆,要做到"一站二看三通过",看清情况,让车辆先行,在确认安全

后再通过。在一些乡村公路上行走时,也要左右看看车辆通行情况,确定没有车辆经过时,再决定穿过马路或通过路口。或者先观察左边来车的距离,估计车速,再观察右侧来车距离,估计车速,在按自己的正常步速有把握安全通过时,再穿过道路。不要在车辆驶近时突然横穿马路。突然横穿马路时,由于机动车驾驶员没有思想准备,不能及时采取有效措施,很容易发生意外。在横穿道路很宽,路中设有安全岛的路段时,可以先通过一半路面到达安全岛,再等待时机通过另一半路面。如果道路很宽,但没有设安全岛,采取这种方法,就不合适,因为站在来往车辆的夹缝中间,会很危险。

(3)如果出行时,有几个人在一起,不要在道路上并排行走、相互追逐、玩耍或进行其他妨碍交通的行为;不要打打闹闹、相互拉扯、勾肩搭背,也不要在人多拥挤的路段久留,对路边发生的争吵等,不要去围观。

(4)天气恶劣时,驾驶员较难看见行人,行人也会由于雨具等遮挡了视线,难看见附近车辆。此时,行人横过道路要格外小心,在倾盆大雨或大雾天气里更要注意。为了避免发生危险,行人要调整好雨具,看清路面情况,在确定没有车辆驶近时,才可横过道路。

(5)如果行进的方向有障碍,需要暂借机动车道行走时,需要留心身

后的机动车辆,在确认安全后方可借道通行。在横过公路的时候,如果附近有人行横道,应该从人行横道穿过,不能贪图便利而随意横穿,更不要为了图方便而跨越护栏。

特别提示

(1)行人要注意交通安全中的"五不要":不要在道路上强行拦车、扒车、追车或抛物击车。不要在道路上滑滑板、旱冰鞋等。不要在道路上玩耍、坐卧或进行其他妨碍交通的行为。不要钻越、跨越人行护栏或道路隔离设施。不要进入内环路、外环路、高速公路、高架道路及行车隧道或者有人行隔离设施的机动车专用道。

(2)学龄前儿童应该要有成年人看护,或在其带领下在道路上行走。

(3)如果高龄老人或行动不方便的人员等上街,此时最好有人陪同。

(4)在一些标有"禁止通行"、"危险"字样的地方,要留心。

(5)徒步行走时,最常发生的事故就是跌伤与扭伤,在冬季路上有冰雪时,要注意防止滑倒摔伤。

(6)行人夜间出行时,要尽量选择有路灯的地方横过道路。

2. 非机动车交通安全事故

非机动车是指以人力或者畜力驱动,上道路行驶的交通工具,以及虽有动力装置驱动但设计时速、空车质量、外形尺寸符合有关国家标准的残疾人机动轮椅车、电动自行车等交通工具,主要包括自行车、人力车、三轮车、畜力车、残疾人机动轮椅车等。由于在行驶过程中,

非机动车违反交通讯号的指示、违规带人或者进入机动车道内行驶,而导致了交通事故的发生。因此,在骑自行车、三轮车或电动助力车等非机动

车出行时,一定要遵守交通规则,注意交通安全,以免造成不必要的伤害。

应急须知

(1)骑非机动车出行时,要遵守交通法规,行驶过程中要注意观察路上情况,及早作出判断,主动采取各种预防措施,不要麻痹大意,抱有侥幸心理。

(2)如果道路上划分了机动车道和非机动车道,就应该在非机动车道内行驶。如果没有划分中心线和机动车道与非机动车道,应靠右边行驶。非机动车不可随意进入机动车道,更不要与机动车争道抢行。如果在行进过程中,前方有障碍,需要暂借机动车道时,也要在观察身后机动车的行车情况,确认安全后才能借道通行。饮酒后尽量不要骑车出行,必须出行时,可徒步推行非机动车,不要醉酒骑行。

(3)非机动车转弯、调头或横过公路时,要即刻减速或者停车观察路上的行车情况,和本车相隔的距离,判断过往车辆的车速并伸手示意,让其他车辆注意到,同时要注意避让其他车辆。切勿突然猛拐或横穿马路。通过陡坡,或者要横穿四条以上的机动车道,或者在行驶过程中车闸已失效,在这些情况下必须下车推行。下车之前,还要伸手上下摆动示意,便于其他车辆及早注意到,也不得妨碍后面车辆的行驶。

(4)在行驶过程中,不准双手离把或手中持有物品,也不要一手攀扶在其他车辆上。

(5)非机动车在行驶过程中,不得牵引其他车辆,也不得被其他车辆所牵引。

(6)天气情况恶劣,如下雨、下雪等天气,路面泥泞或已冰冻时要提高警惕,以免因

路滑而摔倒,必要时要下车推行。下雨天气里,不要让雨衣、雨具等遮挡视线。也不要为了避开泥泞的路面而突然变道或横穿马路。

(7)非机动车之间发生了事故,而无法自行协商解决时,要保护好事

故现场。

(8)非机动车在与机动车发生事故后,要尽快拨打"122"报警电话。如果机动车逃跑了,要记下肇事车辆的车牌号和车型、颜色等主要特征以及逃跑的方向,并将这些情况向交警报告。

特别提示

(1)非机动车行驶时的"三要三不要"。三要:一要结伴出行;二要精神集中;三要靠边骑行。三不要:一不要抢路,尤其是不要和汽车抢路,避免发生事故;二不要逞强,如上坡时一旦用力过猛,会容易使链条拉断;下坡时如果不捏闸,非机动车容易失去控制而酿成大祸,在弯路上如果不减速,就容易冲出路面;三不要在夜间和恶劣天气条件下骑车。

(2)骑车载人载物应遵守规定,不要违规载人,所载的货物不能超长、超宽、超重。

(3)在农忙季节,不要在道路上打谷晒粮。走亲访友时,不要乘坐三轮车、拖拉机、低速载货车等有安全隐患的车辆。

(4)非机动车的车闸、车铃等必须保持在有效的状态。

(5)未满12岁的儿童,是不准在道路上骑自行车或三轮车的。

(6)如果非机动车需要在夜间行驶,要注意路面井盖和道路障碍的情况,要防止跌入沟渠中。

3.机动车交通安全事故

机动车的种类包括载重货车、客车、汽车、小轿车、摩托车等。机动车交通安全事故是指机动车在道路通行的过程中,因为违反了交通法规造成的由机动车驾驶员负主要责任或全部责任的交通事故。酒后驾驶、无证驾驶、超载、人货混装、疲劳驾驶、侵占道、超速行驶和逆向行驶是导致机动车交通安全事故的主要因素。

应急须知

(1)在机动车交通安全事故发生后,要马上停车,并将现场保护起来,开启危险报警闪光灯,并在来车方向50到100米的地方设置警示标志。

肇事逃跑甚至造成人员伤亡或国家财产损失的都属于违法行为，也是极不人道的，违反了社会公德。事故发生后，要保护好现场，这对于公安机关交通管理部门了解事故情况，正确处理事故有很重要的作用；在抢救伤员和保护现场的同时，还要及时拨打"122"报警电话。

（2）如果在机动车交通安全事故中，并未造成人身伤亡，且当事人对事实不存在争议，这时可记录下事故的整个过程后让双方签名，撤出现场后，双方自行协商赔偿事宜。

（3）当机动车发生翻车事故时，驾驶员要牢牢地抓住方向盘，双脚勾住踏板，随着车体旋转，车内其他人要趴到座椅上，并紧紧抓住车里的固定物。

（4）如果机动车发生了撞击着火时，要马上熄灭火并停车，迅速切断油路和电源，车内的人员要迅速离开车辆。

（5）如果机动车的车胎突然爆了，驾驶员不要急刹车，而应该双手握紧方向盘，慢慢地松开油门，减慢速度，再慢慢停在路边。

（6）如果机动车掉到了河、湖、池塘里，车门很难打开时，可以用锤子或其他工具砸开车门或者车窗逃生。

（7）如果机动车在行驶的过程中，制动失效了，这时就要不断踩踏制动板，拉起驻车的制动器，并迅速换到低速的挡位，通过利用负驱动力达到减速的目的，再通过利用上坡使车辆慢慢地停止。

特别提示

(1)不管是在什么样的情况下,都不得无证驾驶;不要驾驶与准驾车型不相符的车辆;也不得酒后驾驶或者疲劳驾驶。

(2)机动车在行驶的过程中,要遵守有关的规定,行驶的速度不要超过限速标志所标明的最高时速。

驾驶机动车时,请勿接打手机!

(3)当机动车驶到十字路口时,如果发现没有设置交通讯号灯、交通标志,也没有交警指挥,应该让行人和优先通行的车辆先行通过。

(4)驾驶机动车时,要集中注意力,不要接听和拨打手机,也不要观看视频。

(5)要定期对机动车实行检查,查找安全隐患,特别是要对制动、轮胎、灯光、雨刷器和转向等安全装置进行定期检查,发现问题,马上解决。切忌驾驶存在安全隐患的机动车。

4.乘车交通安全事故

乘车是我们生活中主要的出行方式,乘车时往往在一个车上,人数相对较多,一旦发生事故,影响恶劣。为了做到安全乘车,应该增强交通法制观念、注意交通安全,还要遵守有关的乘车规定、讲究公共道德,做到安全乘车、文明乘车。

应急须知

(1)在等待乘坐汽车的时候,要在站点排队候车。车停稳后,要遵守"先下后上"的原则,等车上的乘客下来后,再按秩序上车,上车时不要拥挤。不要携带汽油、爆竹等易燃易爆物品上车。上车后要主动买票,要主动给老弱病残孕和怀抱婴儿的乘客让座。车辆行驶时,要坐稳扶好,不要

把头和手伸出窗外,以免被来车或路边树木刮伤。如果没有座位,要两脚自然分开,侧向站立,手要紧握扶手,以免紧急刹车时摔倒受伤。不要在车厢内大声喧哗,不要向车窗外乱扔杂物。下车时,要保持秩序,下车后不要从车前或车后穿过或跑过马路,要注意安全。

(2)如果发现所乘汽车发生火灾,乘客要迅速离开,不要围观。

(3)当有险情发生时,要双手抓紧前排的座位、扶杆或把手,并低下头利用前排座椅靠背和手臂保护好头部。发生事故时要镇定,不要大声叫喊,也不要对驾驶员指手画脚或提出各种要求,更不要在车快速行驶时从车上跳下。事故发生后,如有人员伤亡要及时进行救助,并且拨打"120"急救电话。

(4)搭乘出租车或其他机动车时,在车辆行驶过程中,不要与驾驶员闲谈,也不要做妨碍驾驶员的事情。不要随意地开启车门或车厢,不要在车内随意走动、打闹。车到站后,在车行道上不得从机动车左侧下车,下车后,开关车门时,不要妨碍其他车辆和行人的通行。如果需要横穿车行道,要在确定没有车辆过往或来往车辆稀少时,从车尾后面穿行,千万不要从车头前面贸然通过。

(5)一旦出现交通危险或发生交通事故,当事人要迅速果断地采取应急措施和进行一些救护、自救,争取时间,缓解险情,减少或者避免事故造成的人员伤亡和财产损失。

特别提示

(1)在早晨或者晚上搭车时,要记住车牌号码、运营公司的标志、运营证的号码等信息,老人、女士、孩童不要独自搭乘出租车。

(2)不要搭乘装潢怪异、玻璃窗模糊、车号不清的车辆。

5.高速公路交通安全事故

高速公路的建设,带来了极大的便捷,但在行车快捷的同时,驾乘人员应该遵守高速公路上的行车规则,要安全行车。特别是在高速公路上,车辆的行驶速度快,驾驶员的动态视力会降低,平衡感觉会发生变化,视觉判断能力减弱,容易发生交通事故。

应急须知

(1)上高速公路之前,要规划好出行线路,对沿途的路况要有较多的了解,给车辆加满油并保持手机电、费充足。如果在高速公路上有机动车发生了交通安全事故,这时要马上停车,保护好现场,第一时间拨打电话报警。报警时要向警察讲述清楚事故发生的时间、地点、所在的方位,事故所造成的后果等,当交通警察赶到现场时,还要积极协助事故调查。

(2)当在高速公路上有事故发生时要打开危险报警闪光灯,向周围发送事故发生的信号,同时要在来车方向 150 米以外的地方设置警示标志。

(3)当在高速公路上有事故发生时应该迅速将车上的人员转移到应急车道内或者转移到右侧的路肩上,如果机动车还能够移动,应该将发生事故的机动车移到服务区或者应急车道上,以免妨碍交通。

(4)行人、非机动车和其他设计最高时速低于 70 千米的机动车,不得进入高速公路。在从高速公路入口匝道驶入高速公路时,要加速行驶至时速 60 千米以上,注意在主线路上行驶的车辆,要在不影响后方来车的情况下,加速后以安全的状态进入主车道。

(5)驶上高速公路后,一定要遵守快慢道的划分行驶,不得超过限速标志所标明的最高时速。在速度达到或超过每小时 100 千米时,要打开左转向灯,驶入最左侧的快车道行驶,但最高时速不得超过 120 千米。如果时速低于 100 千米,要主动进入右侧的慢车道内行驶,在变更车道或需要超车时要打开转向灯,与后面的车要保持安全距离后进入另一车道,要防止追尾事故的发生,千万不要急转和急刹车。

(6)高速公路上发生交通安全事故后,第一重要的是保护好现场。保护现场的工作主要包括划定并标记现场位置,标记伤亡人员倒卧的位置,

保全现场的痕迹物证,还要协助公安机关寻找有关的证明人。

特别提示

(1)不管是什么人,也不论是以何种的理由,以何种形式对高速公路的设施进行破坏都是严格禁止的。高速公路设施一旦遭到破坏都会留下安全隐患。

(2)高速公路上平均每隔50~60千米就会设置一个服务区或停车区,如果驾驶的车辆遇到了小故障,要到服务区解决,以免使自己的行车或他人的行车形成安全隐患。

(3)在高速公路上连续驾驶机动车超过4小时,或者行驶路程超过300千米时,要进入附近的服务区里停车休息,休息的时间不要少于20分钟。行驶过程中,如果发现已经错过了出口,必须继续向前行驶,到达下一个出口时再离开高速公路。

(4)当事故现场有人员伤亡时,要先救人,并尽快拨打"120"电话寻求帮助。

(5)在高速公路上行驶时,在非正常的行驶状态下,包括停车、前方发生事故、前方堵路及施工、单道放行、进入雾区等,都要及时地打开双闪灯。

6.恶劣天气交通安全事故

大雨、大雾、大雪、冰雹和沙尘暴等恶劣天气时,驾驶机动车都会对驾驶员的视觉、听觉和车辆的稳定性产生不好的影响,比平时更易发生交通安全事故,驾驶员要谨慎驾驶。

应急须知

(1)交通事故发生后,应当马上停车,在来车方向50米处设置警示标志,并开启危险报警闪光灯。

(2)如果交通事故发生后,并没有造成人员伤亡,财产也只有轻微的损失,这种情况下,当事人应该先撤离现场,再做处理。

特别提示

（1）当机动车在恶劣天气条件下行驶时，如果道路上的能见度在50米以下，机动车的最高行驶速度最好保持在每小时30千米。

（2）在恶劣天气条件下，驾驶机动车时，要检查车辆上的制动装置、灯光、雨刷器和轮胎等。

（3）在恶劣的天气条件下，驾驶机动车时，要和前面的车保持必要的安全距离，在驾驶过程中，要注意避让非机动车和行人。

7. 海上交通事故

船舶在海上航行，会受到当地气象、水文和周围环境的影响，如果操纵人员对这些因素估计不足、判断不正确、措施不妥当，或者遇到自然灾害、意外情况，航行船舶就可能发生失控、搁浅、触礁、失火、碰撞、倾覆、沉没等危及船舶、财产和生命安全的严重事故。

应急须知

（1）乘坐海船和渡船时应注意：

①上下船时，一定要等船靠稳，待船员安置好上下船的跳板后再行动。上船后要听从船员的安排，并根据指示牌寻找自己的座位。不要拥挤，不要攀爬、跨越船杆，以免发生意外落水事故。

②旅客上船后，应查看救生衣存放的位置，熟悉救生衣的穿戴方法；旅客应仔细收听船上播放的安全注意事项，要熟悉船上的应急通道。

③轮船或渡船航行时,不要在船上嬉闹;摄影时,不要靠近船边,也不要站在甲板边缘向下看波浪,以防晕眩或失足落水;观景时切莫一窝蜂地涌向船的一侧,以防船体倾斜发生意外。

④船航行途中一旦发生意外事故,乘客应按工作人员的指示穿好船上配备的救生衣,不要慌张,按照安全出口示意图和工作人员的指示迅速撤离,更不要乱跑,以免影响客船的稳定性和抗风浪能力。

⑤航行途中遇到恶劣天气临时停泊时,要耐心等待,不要催促船家冒险开航,以免发生事故。

(2)船上火灾逃生时应注意:

①乘船时,应注意逃生通道标识,一旦发生火警,才能迅速逃离现场。

②因火焰、烟雾和热气流均向上升,四周的冷气流向舱底补充,因而要保持较低姿势行走,这样做不仅温度低,烟雾较少,而且低层的空气可以维持呼吸。

③沿舱壁行走,可以避免身体被火焰包围。

④减少身上暴露部分,衣服可以防止热辐射灼伤;必要时用浸湿的毯子或棉被包裹在头部和身上,以减少暴露部分,冲出火场。要用湿毛巾捂住口鼻过滤烟雾进行呼吸。

(3)船上跳水求生时应注意:

①掌握正确的跳水姿势:

穿妥救生衣。

深呼吸后右手将鼻和口捂紧。

左手紧握右手臂救生衣。

双脚并拢,身体保持垂直,两眼向前平视。

入水时保持脚在下、头在上,两脚伸直夹紧。双手不能松开,直至重新浮于水面才可放松。

②选择最佳跳水位置:

跳水位置最好选择在高度不超过 5 米的地方。

跳水位置最好在上风舷,并应尽可能远离船体破损的缺口。大船倾斜时应选择在低舷一侧。

跳水前,应查看水面,避开水面障碍物或其他落水者。

不要直接自高处跳水入艇内或筏顶及入口处,以免本身及艇筏受到损坏。

如通过救生绳索下水,要利用双臂交替紧握绳索向下移动,不可手抓绳索滑下,以免失控和皮肉受伤。

入水前应尽量将袖口、裤口、腰带扎紧。

入水后,应镇静搜寻救生艇(筏)或其他漂浮物以缩短浸水时间。在水中为保存体温,两腿要弯曲并拢,两肘要紧贴身旁,两臂要交叉抱在救生衣前面。

必须有求生获救的坚定信心和积极的态度。

特别提示

在海上,船舶是船员和乘客最好的生存基地,用救生艇(筏)或水中漂浮是在万不得已时的选择,因此,船舶发生危险和紧急情况时,船上人员应竭尽全力采取应急措施,使船舶脱离危险,以保全自身的安全空间,直至船舶恢复安全状态或船长宣布弃船。

三、特殊性伤害类

1.灾难性化学事故(危险化学品)

危险化学品是指易燃、易爆、有毒、有腐蚀性、有放射性,在生产、运输、使用、储存和回收过程中,容易造成人员伤亡和财产损失,需要特别防护的一类化学物质。灾难性化学事故是指由一种或多种危险化学品或其能量在意外释放后造成了人身伤亡、财产损失或环境污染的事故。此类事故发生后损害呈多样性。不论是在什么样的地形条件和气象条件下,都会造成很严重的污染,且一时很难消除,另外,因为化学物质种类繁多,难以确定是哪一种物质引起的,给诊断增加了难度,会造成人员的严重伤亡和财产的巨大损失。

应急须知

(1)灾难性化学事故发生后,要马上建立警戒区域,在主要道路上实行交通管制,并迅速疏散警戒区内的无关人员。

(2)事故发生后,要马上进行现场急救,无关人员要立即撤离事故现场。发现伤病人员时,要除去其被污染的衣物,并对受伤害的人员进行处理,处理时首先进行共性处理,再作个性处理,然后转送附近医院。

(3)现场急救时,要选择有利地形设置急救点,要采用具有防爆功能的救援器材。为了便于相互照应,应该以2~3人为一组进行救护,对本人和伤病人员进行个体防护,防止继发性损害的发生。

(4)事故发生后,采取切断泄漏源或堵漏的方式在第一时间控制泄漏源。要对泄漏物采用围堤堵截、稀释、覆盖、收装的方式进行有效控制,防止污染蔓延。

(5)当危险化学品事故现场发生火灾时,要即刻采取灭火行动,灭火过程中,灭火人员不要单独行动,要两个或两个以上结队进行火灾的扑救。要对周边的设施采取有效的保护措施。抓住有利的时机进行灭火。要对应急人员采取有针对性的防护措施,事故现场出口要始终保持清洁和畅通,以便人员能经该出口安全撤离。扑救火灾的过程中,要有针对性地选择正确的灭火剂和灭火方法。火灾扑灭后,还要加强现场监护,避免化学品的泄漏造成人身伤害。

(6)当危险化学品发生泄漏后,应该立即用随手可拿到的手帕或衣物等捂住口和鼻;如果就近有水或饮料,应倒在手帕或衣物上,使之湿润。如果有防毒面具或防毒口罩,要及时戴上。要尽可能戴上手套,穿上雨衣和雨鞋等,如果附近有床单或衣物,应用其遮住裸露的皮肤。如果有防化服等,应该尽快穿戴。如果有防毒眼镜、防护镜、护目镜等,要戴上。

(7)要判断危险化学品的来源,对风向作出判断,要朝着远离危险化学品源头的方向,沿上风处或侧上风的路线撤离危险化学品事故现场。当人员到达安全的地方后,要将被污染的衣服及时脱下,并用流水冲洗身体,冲洗时要重点清洗事故发生时裸露的皮肤。要尽快打"120"报警,以寻求救援。发现中毒人员,应及时送到医院进行救治。在等待救援的时候,被救治人员要保持平静,要注意休息,不要进行剧烈的运动,以免加重心肺负担而使病情恶化。

特别提示

(1)在发现有被丢弃的化学品时,不要去捡拾,而应该马上拨打报警电话,报告所在的具体位置、数量、包装标志,并对化学品的状态如是否有气味等进行描述。

(2)如果在居民小区施工时,挖掘出了有异味的土壤,要马上拨打当地有关部门的值班电话,报告具体的情况,同时在其周围拉上警戒线或竖立警示标志。在有异味的土壤被清走之前,周围居民和单位不要开窗通风。

(3)事故现场要严禁吸烟,以免发生火灾或爆炸。

(4)当运输危险化学品的运输车辆发生事故时,要尽快离开事故现场,将人员撤离到上风口的位置,其他群众不要围观,要立即拨打报警电话。机动车驾驶员要听从工作人员的指挥,遵守秩序离开事故现场。

(5)危险化学品事故发生地及周围的食品和水源,不要随便使用,要待检测确定无害后才能使用。

2. 放射源辐射事故(包括核泄漏)

放射源是用放射性物质制成的能产生辐射照射的物质或实体。放射源不仅在核设施中存在,在石油、电力、纺织、造纸、制药等工业领域和科研院校、医疗机构都有着广泛的存在。在核反应堆、核电站发生事故时,大量放射性物质会释放到空气中,产生大量的放射性灰尘。这些放射性灰尘会经直接照射人体、通过呼吸、污染皮肤、饮食等方式进入人体后造成伤害。放射源辐射事故发生的原因有很大的不同,事故发生后产生危害的程度也不一样,事故发生造成影响的类别和级别也不一样,事故发生现场所涉及的对象和可能造成的后果也存在很大的差别,这些都会给放射源辐射事故的处理带来较大的困难,但是应急处置过程也有一些共同之处。

应急须知

(1)当放射源辐射事故发生后,要查明事故发生的原因,明白事故的类别,并作出迅速有效的处理,控制或消除事故源,以免放射性物质进一步扩散。对于超剂量照射事故要立即切断事故源,如果放射源已丢失,要想方设法去寻找,把因事故发生造成的损失降低到最小。

(2)在事故发生之后,事故发生单位要在第一时间按法定程序向有关监督部门报告,得到监督部门的指导后,组织人力、物力,采取有效措施。

当人身、财产安全受到危害时,要将救人放在首位。

(3)对参加事故处理的人员,要采取有效的防护措施,使可能受到的照射剂量较少,在万不得已,必须进入有少量辐射照射的地方时,也不要超过应急照射的限量。

(4)事故发生后,如果发现有人员的皮肤、伤口被污染,要立即去除污染并进行医学处理。如果人员体内摄入了较多的放射性核素,要尽快采取有效的医学处理措施。衣服或皮肤被污染或怀疑被污染时,要小心地脱下衣服,仔细洗净手、脸和头发等暴露在外面的部分。要多饮水,使体内的放射性物质尽快排出,并积极寻求医疗救助。

(5)当工作场所、地面、设备受到放射源的污染时,要尽快采取相应的去污措施,防止受污染的食物流入市场,要避免粮食、蔬菜、水果、禽畜和水源受到污染。如果放射性气体、气溶胶或者粉尘污染了空气,要根据所监测数据的大小采取相应的通风、换气、过滤等措施。

(6)对于放射源使用的主体而言,贮存放射性同位素的场所必须采取有效的防火、防盗措施。对一时派不上用场的放射源,要妥善保存,不得乱丢、乱放,在未经放射防护部门许可的情况下,不得擅自处置。如果是在野外从事放射工作,必须划定安全防护区域的范围,设立危险标志和派专人警戒,确保公众安全。如果要自行运输放射源,必须有合适的运输设备,要避免放射源中途丢失或容器倒置泄漏。

(7)当放射源辐射事故发生时,人员要留在室内,并关闭门窗和全部通风系统。如果事故发生时,人员还在室外,就要用湿手帕或湿毛巾等捂住口鼻,沿着上风的方向躲避到就近的房间内。

特别提示

（1）当人员在外面，看到无人管理的区域有标记电离辐射的物体，或用铅、钢或石蜡等制作的圆柱体或球形物时，不要去移动，更不能擅自打开，也不要捡回家中或作为废品卖出。在发现有放射源泄漏的地方，要选取适当的屏蔽材料如混凝土、铁或铅遮挡放射源发出的射线。

（2）发生放射性辐射事故时，不要有恐慌的情绪，更不要听信谣言，而应该听从有关部门和专业人员的意见，尽快采取有效措施，防止被放射性物质伤害。

（3）不要轻易进入有放射性警示标志的地方。

3.海上渔船事故

在海洋捕捞、水产养殖的生产过程中，会因海况、气象等自然灾害和人为因素的影响，发生海上渔船事故。海上渔船事故分为触礁、触损、搁浅、碰撞、风灾、火灾、失踪、自沉等。事故的发生会给遇险遇难的渔民家庭带来深深的痛苦，威胁着渔民的生命财产安全。

应急须知

（1）在渔船临近事故状态或已进入事故状态时，船上的人员不要慌张，要保持镇静，尽快地做出有效的应急反应，实施自救行为，应急行为的有效与否直接决定着生命财产的损害程度。

海上渔船

（2）当渔船在海上发生事故时，近海捕捞或养殖的渔船要在第一时间内向当地的渔业电台或者其他求救电话求助。可使用CDMA手机的求救按键(SOS)向海上搜救中心12395发出求救信号。远洋或远海捕捞生产渔船使用单边带(4.1680MHz)和卫星电话等通讯设备进行求救。求救时,要简明扼要地报告事故发生的时间、地理位置、遇险的性质、遇险程度、遇险船船名和海况等情况,这样做将有利于搜救部门及时安排救助船舶或直升机准确前往事发地点救助。还应该简要说明所需要救助的种类,以便于救援人员做好必要的应急准备。

(3)遇险时,要保持绝对冷静,利用一切可以利用的求救方法,尽早发出求救信号,同时要积极实施自救。如果在遇险时,看到周围有过往船只或救援船,要立即吹响哨子或击打金属物等,向其发出求救信号。如果白天在海上遇险,周围有救援飞机、过往船只或救援船,这时要采取挥动衣服或其他物体的方法,向其发出求救信号,便于救援人员注意。如果这些物体是橙色的,求救效果会更好。也可以通过施放烟雾信号向外界求救,如果是在晚上,应该施放明亮闪耀的火光信号。

(4)如果渔船在海上发生了火灾,应该使用就近的灭火器材灭火,并减速行驶,调整航向,使起火的部分处在下风处,尽快切断电源和油路,尽可能地疏散和转移易燃易爆物品,要冷却火场周围的舱壁的甲板,以免火势蔓延开来。

> 特别提示

(1)出海的渔船在出海前要按有关规定配备救生、消防和导航的安全设备,要随船配备急救药箱。所有的生产作业要按照规程进行操作,渔船锚泊时,一定要安排值班的瞭望人员。

(2)实施渔船编队生产,多个渔船相互之间有所照应,可以加大渔业生产的安全保障系数,在海上航行作业时,一旦遇到险情,可实现最有效的互救。

第四部分　公共卫生事件及其应急

一、传染病类

1. 流行性感冒

流行性感冒（简称流感），是流感病毒引起的急性呼吸道感染，也是一种传染性强、传播速度快的疾病。

流行性感冒，起病急骤，畏寒、发热，体温在数小时内升达39℃～40℃甚至更高；伴头痛，全身酸痛，乏力，食欲减退；呼吸道症状较轻，咽干喉痛，干咳，可有腹泻；颜面潮红，眼结膜外眦充血，咽部充血，软腭上有滤泡。老年人、儿童、孕妇和体弱多病者患流感后非常容易引发严重的并发症，甚至致人死亡。

流感病毒主要通过空气以及直接接触两种途经在人群中传播。空气传播可能有两种情况：一是被流感病毒感染后，病人打喷嚏、咳嗽时，存在于患者呼吸道分泌物中的病毒会随气流喷出形成飞沫，一旦这些飞沫进入其他易感人群的眼、鼻子或口腔时，就会导致病毒的传播；二是流感病人咳嗽、打喷嚏或者吐痰喷出的带有病毒粒子的分泌液滴经过蒸发后形成小颗粒悬浮在空气中，当这些带有病毒粒子的颗粒被健康人吸入，就可能导致病毒的传播。病毒粒子在空气中存活的时间取决于空气的湿度以及紫外线的强度:低湿以及缺少阳光的冬季有助于病毒的存活,因此,流感在干燥的冬季发生比较频繁。此外,流感病毒也可能通过手—口途径传播。当感染病人咳嗽、打喷嚏或者吐痰时,喷出带有病毒粒子的较大分泌液滴,在空气中很快降落到衣服、物品或者地面上,其他人接触到了污染的物体表面就可能感染病毒。流感病毒在物体表面存活时间长短是不同的,在坚硬的、没有空隙的物体表面,如塑料或者金属表面能够存活1~2天,在干燥的纸张上可存活15分钟,在皮肤上存活的时间只有5分钟。但是,如果病毒存在于黏液(如呼吸道分泌物)中,这种黏液能够对病毒提供一定的保护能力,病毒的存活时间就会延长。另外,当健康易感者同感染者直接接触,如握手之后没有及时洗手,也可能增加病毒感染的几率。

应急须知

(1)早期发现流感病人,早期就地隔离病人,早期治疗。

(2)有流感症状时,要及时去医院接受治疗,千万不能带病坚持,以免传染给家人和周围接触到的人。

流感的一个症状就是发烧,体温有时可高达39℃~40℃。此时许多人会服用退烧药,或使用酒精擦身,或冰敷退热。其实,在37℃~40℃高温下,流感病毒的繁殖受到抑制,可以说发烧是人体免疫系统正准备打仗的讯号;若强行抑制,只会削弱自身的抵抗力,帮助病毒繁殖。也有人提议少穿衣服散热,其实,不论是风热还是风寒感冒患者,都有畏冷表现,即使有高热在身也是这样。所以,应当做的,是穿足够的衣服保暖,不随便吃退烧药(尤其是自行服成药),否则反而会误事。并且应当及时就医,高烧会烧坏脑子或者引发心肌炎等。建议不要在没有医师指导的情况下随便吃药,否则很可能会更加麻烦。

(3)流感期间应减少大型集会和集体活动;到公共场所应戴口罩,少出入人口密集的地方。

(4)流感早期服用感冒冲剂或板蓝根冲剂,可以减缓症状。

特别提示

(1)多饮开水,多吃清淡食物。合理安排作息时间,生活要有规律,保证充足的睡眠。

(2)不要随地吐痰,打喷嚏或者咳嗽的时候要用纸巾捂住口鼻。

(3)每年9～11月份接种流感疫苗可以预防流感。

(4)加强户外体育锻炼,提高身体抗病能力。

(5)经常开窗通风,保持室内空气新鲜。即使在冬季,每天也要开窗通风3次以上,每次至少要15分钟。

(6)秋冬气候多变,注意加减衣服。

(7)世卫组织的流感警告级别:

一级:流感病毒在动物间传播,但未出现人感染的病例。

二级:流感病毒在动物间传播,这类病毒曾造成人类感染,因此被视为流感流行的潜在威胁。

三级:流感病毒在动物间或人与动物间传播,这类病毒已造成零星或者局部范围的人感染病例,但未出现人际传播的情况。

四级:流感病毒在人际传播并引发持续性疫情。在这一级别下,流感蔓延风险较上一级别"显著增加"。

五级:同一类型流感病毒在同一地区至少两个国家人际传播,并造成持续性疫情。尽管大多数国家在这一级别下仍不会受显著影响,但五级警告意味着大规模流感疫情正在逼近,应对疫情采取措施的时间已经不多。

六级:同一类型流感病毒的人际传播发生在两个或者两个以上地区。这一级别意味着全球性疫情正在蔓延。

2.病毒性肝炎

病毒性肝炎是由多种肝炎病毒引起的,以肝脏炎症和坏死病变为主的一组传染病。主要通过粪—口、血液或体液传播。临床上以疲乏、食欲减退、肝大、肝功能异常为主要表现,部分病例出现黄疸。乙肝、丙肝病毒携带者可能无明显肝炎症状。

病毒性肝炎目前尚无可靠而满意的抗病毒药物治疗,一般采用综合疗法,以适当休息和合理营养为主,根据不同病情给予适当的药物辅助治疗,同时避免饮酒、使用肝毒性药物及其他对肝脏不利的因素。

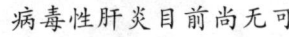

(1)出现身体疲乏,食欲减退,恶心,腹胀,肝、脾大及肝功能异常等症状时,应立即到医院就诊,并根据需要进行隔离,以免传染他人。

(2)对肝炎病人用过的餐具要在开水中煮15分钟以上,进行消毒。如果与肝炎病人共用同一个厕所,要用消毒液对便池消毒。

(3)不要与肝炎病人共用生活用品。不要与肝炎病人及病毒携带者共用刮刀、牙具等生活用品。

(4)接触病人后要用肥皂和流动水洗手。

(1)注意饮食卫生和环境卫生,做好粪便无害化处理,提高个人卫生水平。

（2）保护婴儿，切断母婴传播是预防重点。呈阳性的产妇所产婴儿，出生后须迅即注射乙型肝炎特异免疫球蛋白及乙型肝炎疫苗。

（3）接种疫苗可以预防肝炎。

（4）充足的休息、营养、预防并发症是治疗各型肝炎的主要方法，医生应向病人介绍需要接受隔离及隔离的方法，以取得配合，防止疾病传播。并且建议病人以后避免献血，因为肝炎病人即使痊愈也可能携带病毒。

（5）了解营养与疾病的关系，病人尽量多进食。要少食多餐，以增加全天摄入量。恶心、呕吐严重者，应遵医嘱在饭前使用止吐药。病人不能饮酒及含酒精饮料。

3. 肺结核

肺结核俗称"痨病"（也称为"肺痨"）、"白疫"，系结核杆菌侵入体内引起的感染，一年四季都可以发病。肺结核是青年人容易发生的一种慢性和缓发的传染病，15 到 35 岁的青少年是结核病的高峰年龄。其中，80％发生在肺部。其他部位（颈淋巴、脑膜、腹膜、肠、皮肤、骨骼）也可继发感染。主要是经呼吸道传播，传染源是接触排菌的肺结核患者。潜伏期4～8周。新中国成立后人们的生活水平不断提高，结核病已基本得到控制，但近年来，随着环境污染和艾滋病的传播，结核病又卷土重来，发病率有所上升。

肺结核的基本症状表现：周身无力，疲倦，发懒，不愿活动；手足发热，不思饮食，白天有低烧，下午面颊潮红，夜间有盗汗；发烧，体力下降，双肩酸痛，女性月经不调或闭经；经常咳嗽，但痰却不多，有时痰中带有血丝；大量咯血，胸背疼痛，高热等。肺结核的主要通过呼吸道传播，飞沫传播是最重要的传播途径。结核病的传染源主要是痰菌阳性的肺结核病人

(传染性肺结核病人),他们在咳嗽、打喷嚏、大声说话和吐痰时会把含有结核菌的微液滴散播于空气中,健康人吸入后可导致结核菌感染。肺结核的传染性同排出的菌量密切相关,排出的结核菌越多,传染的机会也越大,同时与病人接触的程度也有关。比如,患传染性肺结核的母亲,其婴儿处于特别危险之中;家庭中长辈患结核病,儿童较易受到感染。据统计,一个传染性肺结核病人,如果不治疗,一年中平均可传染10～15位健康者。肺结核传染的次要途径是经消化道进入体内,此外还可经皮肤传播。

应急须知

(1)出现咳嗽等症状时,应立即到医院就诊,并根据需要进行隔离,以免传染他人。

(2)结核菌主要通过呼吸道传播。对于病人说话、咳嗽、打喷嚏排至空气中的微液滴的传染性应该引起重视,注意戴口罩。

(3)病人应减少与他人接触,不要到公共场所去。

(4)病人的用品食具、痰液、呕吐物都要消毒,特别注意病人痰液要吐在纸上或痰盂里,进行焚烧或消毒后倒去。

(5)结核病人隔离的最好方法是去肺结核专科医院住院,减少对家中人员及其他人的传染机会,有益于家庭,也有益于社会。

特别提示

(1)由于结核杆菌的感染是导致本病发生的直接原因,因此应尽量减少与肺结核病人特别是活动性肺结核病人的接触。

(2)经常参加体育运动,增强体质,加强营养,注意休息。

(3)生活方式合理化和规律化,慎起居,避风寒,戒烟酒,劳逸适度。

(4)经常呼吸新鲜空气,室内要经常开窗通风。

4. 霍乱

霍乱是一种由霍乱弧菌引起的急性腹泻疾病,主要症状为腹泻和呕吐,继而出现脱水及电解质紊乱,能在数小时内造成腹泻脱水甚至死亡。洗米水状的粪便是霍乱的特征,病发高峰期在夏季。霍乱弧菌能存在于水中,因此最常见的感染原因是食用被病人粪便污染过的水。霍乱弧菌能产生霍乱毒素,造成分泌性腹泻,即使不再进食也会不断腹泻。

应急须知

(1)出现腹泻、呕吐等症状时,应立即到医院就诊。

(2)霍乱病人及其密切接触者要去医院接受隔离治疗和观察,以免传染他人。

(3)加强饮食卫生管理,积极配合疾病预防控制部门对病人使用过的餐具、接触过的生活物品等进行消毒。

特别提示

(1)讲究卫生,饭前、便后要洗手。

(2)不要喝生水。

(3)生、熟食物要分开加工、存放。不吃变质的食物,不吃生的或半生不熟的水产品;不要吃无营业执照食品店和路边小吃摊子上的食品。

(4)切断传播途径:积极开展群众性的爱国卫生运动,管理好水源、食品,处理好粪便,消灭苍蝇,养成良好的卫生习惯。

(5)保护易感人群:积极锻炼身体,提高抗病能力,亦可进行霍乱疫苗预防接种。

5. 痢疾

痢疾，古称肠辟、滞下。为急性肠道传染病之一，主要症状为发热、腹痛、里急后重、大便有脓血。若感染疫毒，发病急剧，伴突然高热、神昏、惊厥者，为疫毒痢。痢疾初起，先见腹痛，继而下痢，日夜数次至数十次不等。多发于夏秋季节。

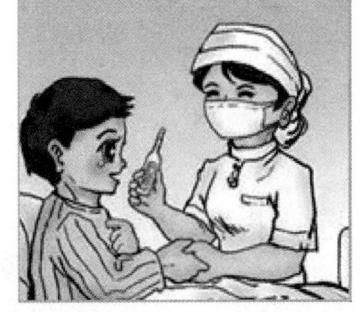

痢疾病人和带菌者是传染源，轻型、慢性痢疾和健康带菌者易被忽视。卫生习惯不良的小儿易患本病。小儿慢性菌痢多具潜隐性、非典型性和迁延性，不易被发现，故易在小儿群体中流行。人被感染后免疫力低下，可以再发。受寒、疲劳、饮食不当、营养缺乏、肠菌群失调等因素皆可降低对本病的抵抗力。

痢疾主要有以下传播途径：

食物传播：痢疾杆菌在蔬菜、瓜果、腌菜中能生存1～2周，并可在葡萄、黄瓜、凉粉、西红柿、布丁等食品上繁殖，所以食用生冷食物及不洁瓜果可导致菌痢。手上带菌或用痢疾杆菌污染的食物做凉拌冷食时，常引起菌痢。

水传播：若病人与带菌者的粪便处理不当，水源保护不好，被粪便污染的天然水、井水、自来水未经消毒饮用，可导致菌痢。

日常生活接触传播：主要通过污染的手而传播，是非流行季节中主要传播途径。如桌椅、玩具、门把、公共汽车扶手等，均可被痢疾杆菌污染，若用手接触上述污染物后，即可带菌，如果马上去抓食物或吮吸手指，就会把细菌送入口中而致病。

苍蝇传播：苍蝇有粪、食兼食的习性，极易造成食物污染。

应急须知

(1) 做好痢疾病人的粪便、呕吐物的消毒处理。管理好水源，防止致病菌污染水源、土壤及农作物；病人使用过的厕所、餐具也应消毒。

(2) 加强饮食卫生管理。积极配合疾病预防控制部门对病人使用过的餐具、接触过的生活物品等进行消毒。

(3)出现发热、腹痛等症状时,应立即到医院就诊,并根据需要进行隔离,以免传染他人。

> **特别提示**

(1)不喝生水,不生吃水产品,蔬菜要洗净、炒熟再吃,水果应洗净削皮后食用。

(2)不吃被苍蝇、蟑螂叮咬过或爬行过的食物,积极做好灭苍蝇、灭蟑螂工作。

(3)养成饭前、便后洗手的习惯。

(4)平时吃少许大蒜和醋也可辅助治疗和预防痢疾。

6.鼠疫(黑死病)

鼠疫,是鼠疫杆菌借鼠蚤传播为主的烈性传染病,是广泛流行于野生啮齿动物间的一种自然疫源性疾病。主要症状为突发发热伴有颜面潮红,结膜充血,恶心呕吐,头及四肢疼痛,皮肤、黏膜出血等。与鼠疫病人接触,被鼠蚤叮咬以及与鼠、旱獭等携带鼠疫杆菌的动物接触都可被传染。

第四部分 公共卫生事件及其应急

动物和人之间鼠疫的传播主要以鼠蚤为媒介。当鼠蚤吸取含病菌的鼠血后,细菌在蚤胃里大量繁殖,形成菌栓堵塞前胃,当鼠蚤再吸入血时,病菌随吸进之血反吐,注入动物或人体内。蚤粪也含有鼠疫杆菌,可因搔痒进入皮内。此种"鼠→蚤→人"的传播方式是鼠疫的主要传播方式。少数可因直接接触病人的痰液、脓液或病兽的皮、血、肉经破损皮肤或黏膜受染。肺鼠疫患者可借飞沫传播病毒,造成人间肺鼠疫大流行。

应急须知

(1)如人体出现不明原因的高热、淋巴结肿大、疼痛、咳嗽、咳血痰等症状,应立即到医院就诊。一旦确诊,应立即将病人隔离。

(2)如果患者在一定时间内无法到达医院,有条件时可选择磺胺类药物及链霉素治疗。患者入院前,患者家属及陪护人员应做好防护工作,避免被传染。对病人接触过的物品、住过的房间,要由疾病预防控制部门的专业人员进行消毒。

> 由专业人员对鼠疫地区进行彻底清扫消毒

(3)如果接触过鼠疫病人,或在鼠疫疫区接触过死鼠、死獭,应主动向疾病预防控制中心报告。

(4)饮食与补液急性期应给患者流质饮食,并供应充分液体,或予葡萄糖、生理盐水静脉滴注,以利毒素排泄。

(5)做好护理工作,消除病人顾虑,使其安静休息。

特别提示

(1)平时要搞好家庭及个人卫生,消灭衣物及居住地的跳蚤及其他昆虫。家中发现死老鼠,应立即向所在地区疾病预防控制中心报告。

(2)病人要配合医务人员进行流行病学调查。

(3)发生疫情,须服从当地疾病预防控制中心的指挥。

（4）要配合统一的灭鼠、灭蚤行动。

7. 非典型性肺炎

严重急性呼吸道症候群又称SARS,是一种极具传染性的疾病。主要症状为发热(38℃以上)、干咳、呼吸急促、呼吸困难等。潜伏期一般在14天内。此病主要在冬春季发生。极强的传染性与病情的快速进展是此病的主要特点。

患者为重要的传染源,主要是急性期患者,此时患者呼吸道分泌物、血液里病毒含量十分高并有明显症状,如打喷嚏等易播散病毒。SARS冠状病毒主要通过近距离飞沫传播,接触患者的痰液、唾液、鼻涕等分泌物及密切接触传播。病毒在侵入机体后进行复制,可引起机体的异常免疫反应,由于机体免疫系统受破坏,导致患者的免疫缺陷。同时SARS病毒可以直接损伤免疫系统特别是淋巴细胞。SARS冠状病毒是一种新出现的病毒,人群不具有免疫力,普遍易感。

应急须知

（1）一旦发烧,要及时到医院的发热门诊就医,并配合医务人员做好流行病调查和必要的隔离观察。

（2）"非典"病人要立即住院并隔离治疗。

(3)如果接触到"非典"病人,要立即向当地疾病预防控制中心报告,每天测量自己的体温。

(4)出现"非典"疫情,一般人尽可能不去医院;必须去医院的,需戴上口罩,回家后洗手、洗脸、消毒衣物。

(5)尽可能远离"非典"病人及人群密集的场所。避免在商场、影剧院等通风不畅和人员聚集的地方长时间停留。

(6)病人用过的餐(饮)具、污染的衣物若不能集中在消毒站消毒时,可在疫点进行煮沸消毒或浸泡消毒。作浸泡消毒时,必须使消毒液浸透被消毒物品。对污染重、经济价值不大的物品和废弃物,应焚烧。

特别提示

(1)日常预防尤为重要,养成个人预防习惯,做到"四勤三好":勤洗手、勤洗脸、勤饮水、勤通风;口罩戴得好、心态调整好、身体锻炼好。分餐饮食,不随地吐痰,咳嗽及打喷嚏时要用手帕捂住口、鼻等。

(2)维护家庭卫生,勤开窗通风,定期大扫除。

(3)积极锻炼身体,合理饮食,提高免疫力。

8. 手足口病

手足口病是由多种肠道病毒引起的常见传染病,以婴幼儿发病为主,多发生于5岁以下儿童,传染性强,易引起暴发或流行。大多数患者症状轻微,以发热和手、足、口腔等部位的皮疹或疱疹为主要特征。少数患者可并发脑膜炎、脑炎、呼吸道感染等,病情进展快,甚至导致死亡。患者和隐形感染者的粪便、疱疹液、呼吸道分泌物,以及污染的毛巾、手绢、口杯、玩具、餐具、奶瓶、床上用品、内衣等均可传播该病病毒。

应急须知

(1)儿童出现相关症状要及时到医疗机构就诊。居家治疗的儿童,不要接触其他儿童,父母要及时对患儿的衣物进行晾晒或消毒,对患儿粪便及时进行消毒处理;轻症患儿不必住院,宜居家治疗、休息,以减少交叉感染。

(2)少数低龄儿童(4岁以下)可能合并肺炎等严重疾病,因此这类患儿应去医院诊治。

(3)由于是病毒性疾病,没有特效治疗药物,因此以休息、补充维生素、合理饮食、注意口腔卫生等为主,不要随便服用退热及消炎药。

(4)该病流行期间不宜带儿童到人群聚集、空气流通差的公共场所,注意保持家庭环境卫生,居室要经常通风,勤晒衣被。

特别提示

(1)饭前便后、外出归来要用肥皂或洗手液等给儿童洗手,不要让儿童喝生水、吃生冷食物,勤晒衣被,多通风,避免接触患病儿童。

(2)看护人接触儿童前、替幼童更换尿布、处理粪便后均要洗手,并妥善处理污物。

(3)婴幼儿使用的奶瓶、奶嘴使用前后应充分清洗。

(4)托幼机构和家长发现可疑患儿,要及时送到医疗机构就诊,并及时向卫生和教育部门报告,及时采取控制措施。

9. 流行性出血结膜炎(红眼病)

流行性出血结膜炎,俗称"红眼病"。是传染性结膜炎,又叫做暴发火眼,是一种急性传染性眼炎。该病全年均可发生,以春夏季节多见。该病主要是通过接触传播,最常见为眼—手—眼的传播。另外,接触病人用过的毛巾、手帕、洗脸用具、电子游戏机、电脑的键盘等,或到病人接触过的泳池、浴池等地方游泳、洗浴,都有可能感染此病。因此,该病常在幼儿园、学校、医院、工厂等集体单位广泛传播,造成暴发流行。

红眼病可由不同病因引起,大致可以归纳为两种:

(1)细菌感染引起的红眼病,潜伏期1~3天,病程1~2周,主要表现为眼红,分泌物增多,晨起时上下睫毛常黏在一起,不合并角膜病及全身症状。

(2)病毒感染引起的红眼病,潜伏期约24小时,主要表现为水性的分泌物增多,球结膜下出血,淋巴结肿大,多合并角膜病变,部分患者可有发热、肌痛等类似感冒的全身症状。

红眼病的主要症状有眼部充血肿胀、眼痛、有异物感、眼部分泌物多。

红眼病一般不影响视力,如果大量黏液脓性分泌物黏附在角膜表面时,可有暂时性视物模糊或虹视(眼前有彩虹样光圈),将分泌物擦去,视物即可清晰。如果细菌或病毒感染影响到角膜时,则畏光、流泪、疼痛加重,视力也会有一定程度的下降。

应急须知

(1)患上红眼病应该及时到医院治疗。病人所有的生活用具应该单独使用,最好能洗净晒干后再使用。病人使用的毛巾,要用蒸煮15分钟的方法进行消毒。

(2)病人应该少看或者不看电视,防止眼睛过度疲劳而加重病情。

(3)病人尽量不要去人群聚集的商场、游泳池、工作单位等公共场所,以免传染给他人。

特别提示

(1)为预防红眼病,红眼病流行期外出时应携带消毒纸巾。不要用他人的毛巾擦手、擦脸。条件允许应使用流动的水洗手、洗脸。

(2)要注意手的卫生。要养成勤洗手的好习惯,不要用脏手揉眼睛,要勤剪指甲。

(3)尽量不要去卫生条件不好的美容美发店等,防止被传染红眼病。

10. 流行性出血热

流行性出血热又称为肾综合征出血热,是由流行性出血热病毒引起,以鼠类为主要传染源的自然疫源性疾病。其典型症状:起病急,发热,体温在38℃~40℃;"三痛",即头痛、腰痛和眼眶痛;皮肤黏膜"三红",即在脸部、颈部、上胸部有红肿充血;有恶心、呕吐、胸闷、腹痛、腹泻、全身关节痛等症状;口腔黏膜、胸背、腋下出现了大小不等的出血点或淤斑,有时还会出现条索状、抓痕样的出血点。该病具有流行广、病情危急、病死率高的特点,危害极大。

流行性出血热的传播主要是动物源性,病毒经宿主动物的血、唾液、尿、便排出,人类感染该病的重要途径是鼠向人的直接传播。

应急须知

(1)在流行性出血热发生时,要对病人实行"四早一近",即早发现、早诊断、早休息、早治疗,就近治疗。

(2)在流行性出血热发生的地区,必须注意个人卫生,要做好防护工作。不要用手直接接触鼠类及其排泄物。不要坐卧在草地或草堆上。在劳动时要注意保护皮肤,要避免皮肤破伤;如果发现皮肤有破伤要马上进行消毒并包扎。在野外时,要穿好袜子,要扎紧裤腿、袖口和腰带,在皮肤露出部位要涂防蚊剂等以避免被蚊螨类叮咬。

(3)做好消毒工作。根据出血热病毒对一般消毒剂十分敏感,加热56℃ 30分钟或煮沸1分钟即可杀灭的特点,饮用水要在煮沸后饮用;如有剩菜剩饭,需要加热后再食用。要对发热病人的血、尿,宿主动物的排泄物及被其污染的器物进行消毒处理。具体而言,衣物、被褥在用开水浸泡后洗净日晒,尿具和排泄物用具需用漂白粉或来苏水进行消毒。如果陪护人员接触了病人的尿液等,要用酒精进行消毒或者用肥皂洗手。

(4)在流行性出血热发生的地区,要做好食品卫生、食具消毒、食物保藏等工作,杜绝病从口入。家中的食物要防止被老鼠啃吃。

(5)如果在流行性出血热发生的地区发现有死老鼠,要及时深埋或焚烧。处理死老鼠时,要戴上手套或者使用器具,不能直接接触。

(6)如果发现有流行性出血热症状的病人,要马上送到医院就诊。

特别提示

(1)灭鼠是预防流行性出血热的根本措施。要在鼠类繁殖季节(3~5月)与流行性出血热流行季节(5~6月和10~12月)前进行灭鼠。根据季节的不同,灭鼠的对象要有所侧重。春季要着重灭家外的老鼠,初冬要着重灭野鼠。

目前常用的灭鼠方法有机械法和药物毒杀法等。机械法可用鼠夹、鼠笼等捕杀鼠类。药物毒杀法主要用鼠类爱吃的食物作诱饵,按一定比例掺入灭鼠药制成毒饵,投放在鼠洞附近等鼠经常出没的地方。要以药物毒杀为主,综合捕鼠、堵鼠洞等措施进行灭鼠。

药物毒杀时,根据灭鼠对象不同,可有所区别。灭家鼠时常用敌鼠钠、杀鼠灵等。灭野外的老鼠时常选择磷化锌、毒鼠磷、万敌鼠钠、氯敌鼠等。药物毒杀灭鼠时,在田野上投放毒饵的3天内要派人看守,3天后应将残余的毒饵收回,进行销毁。家庭中,在晚上入睡前安放毒饵、白天收回。以免因使用不慎引起人、畜中毒。

在灭鼠的同时,还要做好防鼠工作。家庭中,床铺不要靠墙,要睡高铺。在屋外,要挖防鼠沟,不让鼠进入屋内和院内。新建或改建住宅时,要安防鼠设施。

鼠类的繁殖能力极强,因此灭鼠工作要持之以恒,稍有放松,就可能前功尽弃。

(2)秋季灭鼠时,还要用杀虫剂灭螨,以杀灭游离螨与鼠洞内的螨。在灭螨的同时,还要进行防螨。防螨时要注意不要坐卧在稻草堆上;要保持居室内的干燥、通风,保持居室的清洁和卫生,要在太阳下经常曝晒并拍打铺草;要清除室内外的草堆、柴堆,还要经常铲除房屋周围的杂草,减少螨类孳生,防止被其叮咬;也可以用0.5%的敌敌畏溶液等有机磷杀虫剂喷洒灭螨。

(3)猫会携带病毒,在流行性出血热发生的地区不提倡养猫。

(4)在流行性出血热发生的地区,要及早到疾病预防控制部门接种出血热疫苗。

11. 艾滋病

艾滋病是获得性免疫缺陷综合征英语缩写AIDS的音译,被称为"史后世纪的瘟疫"、"超级癌症"和"世纪杀手",是一种由人类免疫缺陷病毒引起的疾病。在得了艾滋病以后,人体的免疫系统会受到严重损伤,机体抵抗力会极度下降。病原体及微生物经血行及破损伤口进入人体后会大量繁殖；身体内不正常的细胞如癌细胞等会迅速生长、大量繁殖起来，形成癌瘤，使人体发生多种难以治愈的感染和肿瘤，最终导致死亡。它的潜伏期为2～10年，临床表现多种多样，尚无彻底治愈的方法，也没有可用于预防的有效疫苗，病死率极高。

艾滋病的主要症状：

(1)一般性症状：持续发烧，虚弱，盗汗，全身浅表淋巴肿大，体重下降在3个月之内可达10％以上，最多可降低40％，病人消瘦特别明显。

(2)呼吸道症状：长期咳嗽，胸痛，呼吸困难，严重时痰中带血。

(3)消化道症状：食欲下降，厌食，恶心，呕吐，腹泻，严重时可便血，通常用于治疗消化道感染的药物对所发生的腹泻无效。

(4)神经系统症状：头晕，头痛，反应迟钝，智力减退，抽风，偏瘫，痴呆等。

(5)皮肤和黏膜损害：弥漫性丘疹，带状疱疹，口腔和咽部黏膜炎症及溃烂。

(6)肿瘤：可出现多种恶性肿瘤，位于体表的卡波希氏肉瘤可见红色或紫红色的斑疹、丘疹和浸润性肿块。

艾滋病对患者的身心健康、患者的家庭及社会都会带来极其严重的危害。

艾滋病传染主要是通过性行为，体液的交流而传播。体液主要包括精液，血液，阴道分泌物，乳汁等。其他体液如眼泪、唾液和汗液，一般不会导致艾滋病的传播。

艾滋病的主要传播途径：①性交传播；②血液传播；③共用针具的传播；④母婴传播。

(1)性交传播。混乱、随意的性行为，不洁性关系，容易使艾滋病在这一群体中扩散。

(2)血液传播。吸毒的人为了追

求更直接、更满意的效果,大多会发展为静脉注射毒品,但吸毒者经济窘迫,或者毒瘾发作迫不及待,常常是多人合用一个针头和注射器,这就为艾滋病扩散打开了"方便之门"。

艾滋病是能够预防的!首先,艾滋病病毒的传播途径非常明确,它通过血液传播、性交传播和母婴传播;其次,艾滋病病毒在体外环境下很脆弱,很容易被杀死,因此艾滋病病毒不会通过空气、食物、水等一般性日常生活接触传播。另外,艾滋病病毒不能在蚊虫体内生存,不能通过蚊虫叮咬传播。因此,艾滋病的传播主要与人类的社会行为有关,完全可以通过规范人们的社会行为而被阻断,是能够预防的。

应急须知

(1)要洁身自爱,不卖淫、嫖娼,要避免婚外性行为,要避免没有保护措施的性活动。

(2)不要吸毒。

(3)要避免在无保护措施下与艾滋病患者的血液、精液、乳汁直接接触。不要擅自输血和使用血制品,不要使用未经检测的血液或血液制品。要使用正规医院提供的血液和血制品。

(4)不要到消毒不可靠的医疗单位或游医处拔牙、针灸、修脚、做手术。必须使用一次性注射器,不得与他人共用注射器。医疗时要使用严格消毒过的检查、治疗器械。

(5)不用没消毒的器具穿耳、文刺、美容,也不要与他人共用剃刀、牙刷。

(6)艾滋病感染者不能献血、捐献精液和器官。艾滋病感染者到医疗机构就诊时,要主动向医务人员说明自身的感染情况,避免将病毒传播给他人;否则,要追究其法律责任。

(7)感染艾滋病病毒的妇女要慎重怀孕、哺乳,要避免母婴垂直传播。

(8)如果不慎与艾滋病患者或病毒携带者共用针管或针头,或与陌生异性发生没有保护措施的性行为后怀疑被感染时,要及时到当地医疗卫生机构进行检查。

特别提示

(1)艾滋病病毒不会通过空气、食物、水等日常生活接触传播,也就是说,浅吻、握手、拥抱、共餐、打喷嚏、蚊虫叮咬、共用办公用品、共用厕所、共用游泳池、共用电话、照料艾滋病患者均不会感染艾滋病,不要过于恐慌。

(2)艾滋病的传播主要与人类的某些社会行为有关,完全可以通过规范人们的社会行为而被阻断,是可以预防的。

(3)洁身自爱、遵守性道德、性生活中使用避孕套是预防艾滋病的有效措施。

(4)要关心身边的艾滋病病人,不要歧视他们。

(5)发现有感染艾滋病的可能时,要积极配合专业人员做好有关的调查。

12. 狂犬病

狂犬病即疯狗症,又名恐水症,是一种侵害中枢神经系统的急性病毒性传染病,所有温血动物包括人类都可能被感染。它多由染病的动物咬人而得。一般认为被嘴边有白色泡沫的疯狗咬到会传染,其实猫、白鼬、浣熊、臭鼬、狐狸或蝙蝠也可能患此病并传染。主要症状为发烧、头痛、恐水、怕风、畏光、四肢抽筋等。人一旦被携带狂犬病病毒的犬类动物咬伤,有30%~70%的几率感染,一旦发病其死亡率为100%。

狂犬病的临床表现可分为四期。

①潜伏期(平均1~3个月):在潜伏期中感染者没有任何症状。

②前驱期:感染者开始出现全身不适、发烧、疲倦、不安、被咬部位疼痛、感觉异常等症状。

③兴奋期:患者各种症状达到顶峰,出现精神紧张、全身痉挛、幻觉、谵妄、怕光怕声怕水怕风等症状(因此狂犬病又被称为恐水症),患者常常因为咽喉部的痉挛而窒息身亡。

④昏迷期：如果患者能够度过兴奋期而侥幸活下来，就会进入昏迷期，此期患者深度昏迷，但狂犬病的各种症状均不再明显，大多数进入此期的患者最终衰竭而死。

应急须知

(1)伤口处理：只要被咬部位有局部皮肤破损，患者无论伤情轻重都需要进行狂犬病预防程序处理。伤口处理刻不容缓，先挤出污血，并立即用肥皂彻底清洗伤口，清洗时间不能少于20分钟，然后用酒精消毒，伤口不可做缝合和包扎。

(2)立即送伤者去相关部门接种狂犬病疫苗，第一次注射狂犬病疫苗的最佳时间是被咬伤后的24小时内。如果皮肤形成穿透性咬伤，伤口被犬类动物的唾液污染，在注射狂犬病疫苗的同时，必须注射抗狂犬病血清。

(3)被犬类动物咬伤后未及时处理，在数天到一年内，出现怕光、怕声、怕水、怕风等症状，甚至抽搐，则有感染狂犬病的可能，应立即去医院医治。

(4)在被犬类动物咬伤后短期内，愈合的伤口周围出现刺痛、麻痒或四肢蚁走感等表现，也应该警惕，可咨询当地狂犬病预防门诊。

(5)暂时隔离攻击人的动物，并报告公安、卫生部门及动物防疫监督机构。

> **特别提示**
>
> (1)家中养犬者应定期给犬做狂犬病预防接种。
> (2)管理好犬类动物,一旦发现行为异常的犬类动物,应尽快找专业人员将其控制,识别狂犬后予以捕杀并焚烧或深埋。

二、动物疫情类

1. 高致病性禽流感

禽流感,全名鸟禽类流行性感冒,是由 A 型禽流感性感冒病毒引起的一种动物传染病,通常只感染鸟禽类,在特殊情况下禽流感可以感染人类,称人感染高致病性禽流感。人得的高致病性禽流感主要症状与其他流行性感冒非常相似,表现为

发烧、鼻塞、流鼻涕、咳嗽、嗓子疼、头痛、腹泻腹痛、大便呈水样、体温持续在 39℃以上,全身不舒服;一旦引起肺炎,有可能导致病人死亡。

禽流感被国际兽疫局定为甲类传染病,又称真性鸡瘟或欧洲鸡瘟。按病原体类型的不同,禽流感可分为高致病性、低致病性和非致病性禽流感三大类。非致病性禽流感不会引起明显症状,仅使染病的鸟禽体内产生病毒抗体。低致病性禽流感可使禽类出现轻度呼吸道症状,食量减少,产蛋量下降,出现零星死亡。高致病性禽流感最为严重,发病率和死亡率均高,人感染高致病性禽流感死亡率约是 60%,鸡感染的死亡率几乎是 100%。

应急须知

（1）接触禽类后，出现上述症状应及时到当地医院就诊。疑似和确诊患者应进行隔离治疗。

（2）发现鸡、鸭、鸽子等禽鸟突然大量发病或不明原因死亡，应尽快报告动物防疫部门，并配合防疫人员做好调查、现场消毒、现场采样、病禽扑杀和疫苗接种等工作。

（3）进出禽流感发生地区时，应做好必要防护。

特别提示

（1）尽量避免接触异常死亡的禽类。人和家禽、家畜要远离野生鸟类，严禁非法捕捉和猎杀野生鸟类。

（2）接触禽流感患者应戴口罩、戴手套、穿隔离衣。接触后应洗手。

（3）加工食品时，应生、熟分开，不吃病死禽肉和野生禽类，忌食野生鸟类。

（4）多吃橘子等富含维生素 C 的食品，可以增强抗病能力。

（5）饲养家禽、鸽子等，须对笼、舍定期消毒。不混养鸡、鸭、鹅等，也不要将家禽与猪一起喂养，因为家禽的流感病毒也可传染给猪。要防止家禽与野禽接触。

（6）从事与禽类相关工作的人员应接种禽流感疫苗。

2. 口蹄疫

口蹄疫（属一类传染病），俗名"口疮"、"辟癀"，是由口蹄疫病毒所引起的偶蹄动物的一种急性、热性、高度接触性传染病。主要侵害偶蹄兽，偶见于人和其他动物。其主要特征为口腔黏膜、蹄部和乳房皮肤发生水疱。

牛，尤其是犊牛最易感染口蹄疫病毒，骆驼、绵羊、山羊次之，猪也可感染发病。该病具有流行快、传播广、发病急、危害大等流行病学特点，疫区发病率可达50%～100%，犊牛死亡率较高，其他则较低。病畜和潜伏期动物是最危险的传染源。病畜的水疱液、乳汁、尿液、口涎、泪液和粪便中均含有病毒。该病入侵途径主要是消化道，也可经呼吸道传染。该病传播虽无明显的季节性，但春、秋两季较多，尤其是春季。风和鸟类也是远距离传播的因素。

该病潜伏期1～7天，平均2～4天。病牛精神沉郁，闭口，流涎，开口时有吸吮声，体温可升高到40℃～41℃。发病1～2天后，病牛齿龈、舌面、唇内面可见到蚕豆到核桃大的水疱，涎液增多并呈白色泡沫状挂于嘴边。采食及反刍停止。水疱约经一昼夜破裂，形成溃疡，这时体温会逐渐降至正常。在口腔发生水疱的同时或稍后，趾间及蹄冠的柔软皮肤上也发生水疱，并会很快破溃，然后逐渐愈合。有时在乳头皮肤上也可见到水疱。该病一般为良性，经一周左右即可自愈；若蹄部有病变，则可延至2～3周或更久，死亡率1%～2%，该病型叫良性口蹄疫。有些病牛在水疱愈合过程中，病情突然恶化，全身衰弱、肌肉发抖、心跳加快、节律不齐，食欲废绝、反刍停止，行走摇摆、站立不稳，往往因心脏停搏而突然死亡，死亡率高达25%～50%，这种病型叫恶性口蹄疫。犊牛发病时往往看不到特征性水疱，主要表现为出血性胃肠炎和心肌炎，死亡率极高。

应急须知

(1)发现牛、羊、猪等偶蹄动物的口腔、蹄部和乳房等处皮肤有水疱和溃烂，出现流涎和跛行，应立即报告所在地区的兽医部门。

(2)与患病动物接触后出现眩晕、四肢和背部疼痛、胃肠痉挛、呕吐、咽喉疼、吞咽困难、腹泻等症状,应立即到医院就诊。

（3）确诊为口蹄疫后,立即对病畜及同群畜全部捕杀,进行焚烧、深埋等无害化处理。

（4）疫区内畜舍栏圈要彻底消毒：先用去污精清洗,除去污物,再用次氯酸钠溶液消毒,也可用福尔马林和高锰酸钾熏蒸。铁制笼具可采用火焰消毒。粪便和垫料应进行无害化处理。

（5）奶牛、奶羊患病,其乳汁不能食用。

特别提示

（1）从外省市引进偶蹄动物时,必须查验检疫证明,必须隔离饲养至少两周,以确认动物是否健康。不从疫区引入偶蹄动物及其产品。

（2）发现疑似口蹄疫疫情,须报告兽医部门。

（3）注意个人防护,尽量避免接触患病动物。

3. 猪链球菌病

猪链球菌病是猪的一种急性、热性、败血性传染病,病猪和病愈带菌猪是主要传染源。猪、马属动物、牛、羊、鸡、兔、水貂等动物均可感染链球菌。该病主要通过损伤的皮肤、呼吸道和消化道感染。猪的临床表现一般是败血症型、脑膜炎型和关节炎型。人也可感染发病。

根据临床表现,人感染猪链球菌病可分两型：

（1）败血症型：起病急,突起寒战、高热（体温常达40℃以上）,伴有头痛,病例迅速进展为中毒性休克综合征,有严重的毒血症状,全身肌肉、关节疼痛,恶心、呕吐、腹泻,早期发生休克,可出现弥散性血管内凝血。可有皮疹、红色斑丘疹、出血点、淤斑,肢体远端淤点、淤斑,不高出皮肤,无溃疡等。血压下降,休克,肾衰竭、肝功能异常、急性呼吸窘迫综合征等多脏器衰竭,预后较差,病死率极高。

(2)脑膜炎型：头痛、高热、脑膜刺激征阳性，一般无腹泻等胃肠道症状，少见淤点和淤斑、休克等，脑脊液呈化脓性改变。可发生感知性耳聋，运动功能失调，并发吸收性肺炎，继发大脑缺氧等并发症。预后较好，病死率较低。

该病的流行特征还不完全清楚，人感染猪链球菌病常伴随猪群中链球菌病的爆发而高度散发，人感染猪链球菌病例常发生于夏季。猪链球菌感染的扩散可能与高温、潮湿的环境密切相关，因此高温、潮湿也很可能是间接导致人感染猪链球菌病夏季发病增加的因素。从事猪的养殖或者是参与猪的屠宰、加工、配送、销售及烹调的人员均属人感染猪链球菌病的高危人群，宰杀病（死）猪者危险性更大，因此应当特别注意。

应急须知

(1)有发热、腹痛等症状时，应立即到医院就诊，并根据需要进行隔离，以免传染他人。

(2)加强食品卫生管理。积极配合疾病预防控制部门对病人使用过的餐具、接触过的生活物品等进行消毒。

(3)避免接触流感样症状（发热、咳嗽、流涕等）或肺炎等呼吸道病人。

(4)注意个人卫生,经常使用肥皂和清水洗手,尤其在咳嗽或打喷嚏后;避免接触生猪或前往有猪的场所。

(5)避免前往人群拥挤场所;咳嗽或打喷嚏时用纸巾遮住口鼻,然后将纸巾丢进垃圾桶。

特别提示

(1)充足睡眠、勤于锻炼、勤洗手、室内保持通风等,养成良好的生活习惯。

(2)应在当地有关部门的指导下,立即对死猪等家畜进行消毒、焚烧、深埋等无害化处理。

(3)要对病例家庭及其畜圈、禽舍等区域和病例发病前接触的病、死猪所在家庭及其畜圈、禽舍等疫点区域进行消毒处理。

(4)屠宰人员处理猪只或生猪肉时,应戴手套;处理猪只或生猪肉后,要用流水洗手;慎防手部皮肤损伤,若有伤口,应用75%酒精或碘酒彻底消毒并妥善包扎;不屠宰病、死猪,避免接触病、死猪及它们的排泄物和体液。

三、中毒类

1. 食物中毒

食物中毒,指食用了被有毒有害物质污染的食品或者食用了含有毒有害物质的食品后出现的急性、亚急性疾病。食物中毒的特点是潜伏期短、突然地和集体地暴发,多数表现为肠胃炎的症状,并和食用某种食物有明显关系。

发病者通常感觉肠胃不舒服,伴有恶心、呕吐、肚子疼、拉肚子等消化道症

状。

由细菌引起的食物中毒占绝大多数。由细菌引起的食物中毒的食品主要是动物性食品（如肉类、鱼类、奶类和蛋类等）和植物性食品（如剩饭、豆制品等）。食用有毒动植物也可引起中毒。如食入未经妥善加工的河豚可使末梢神经和中枢神经发生麻痹，最后因呼吸中枢和血管运动麻痹而死亡。一些含一定量硝酸盐的蔬菜，贮存过久或煮熟后放置时间太长，细菌大量繁殖会使硝酸盐变成亚硝酸盐，而亚硝酸盐进入人体后，可使血液中低铁血红蛋白氧化成高铁血红蛋白，失去输氧能力，造成组织缺氧；严重时，可因呼吸衰竭而死亡。发霉的大豆、花生、玉米中含有黄曲霉的代谢产物黄曲霉素，其毒性很大，它会损害肝脏，诱发肝癌，因此不能食用。食入一些化学物质如铅、汞、镉、氰化物及农药等化学毒品污染的食品可引起中毒。在食品中滥加营养素，对人体也有害，如在粮谷类缺少赖氨酸的食品，加入适当的赖氨酸，能够改善营养价值，对人有利；但若添加过量，或在牛奶、豆浆等并不需添加赖氨酸的食品中添加，就可能扰乱氨基酸在人体内的代谢，甚至引起对肝脏的损害。

预防食物中毒的主要办法是注意食品卫生，低温存放食物，食前严格消毒、彻底加热，不食有毒的、变质的动植物和经化学物品污染过的食品。一经发现食物中毒的病人应及时送医院诊治。食物中毒病人对健康人不具有传染性。

应急须知

(1)确认中毒者是因食入不良食物导致的中毒，应立即停止食用可疑食品，大量喝水，稀释毒素，采取催吐、导泻及灌肠等措施排毒。千万不要服用止吐药物。

(2)食物中毒后，应立即送医院抢救，不要自行乱服药，不要随便相信解毒偏方；否则，不但于事无补，还会延误诊疗。

(3)在送院过程中应让呕吐病人采取侧卧式，防止呕吐物进入呼吸道导致窒息；同时，要带上剩下的可疑食物协助医院尽快确诊。

(4)误食强酸、强碱后，及时服用稠米汤、鸡蛋清、豆浆、牛奶等，以保护胃黏膜。

(5)饮食要清淡,先食用容易消化的食物,避免容易刺激胃的食品。

特别提示

(1)购买肉菜瓜果,都要注意新鲜、干净。不吃不新鲜或有异味的食物。

(2)暂时不吃的肉菜,经及时加工后,放入冰箱,生、熟食要用容器分别存放。不吃超过保质期的食品。

(3)做饭菜定要充分加热煮熟。做生熟食的刀、砧板、容器要分开,隔夜食品及豆类食品加热煮熟,方可食用。买回的蔬菜要充分浸泡后,再反复清洗三遍,才能烹调食用。凡发现有腐烂、发霉、变质等可疑食品,均不要食用。

食物中毒一定要分清状况,对症下药,才能有效进行救治

(4)锅、碗、盆、碟、筷、勺等用前要烫洗或煮沸消毒后再用。

(5)要养成吃饭前后、大小便前后彻底洗手的好习惯。腐败变质、发霉有馊味或夹生食物,或被蝇叮爬过的食品,均不可食用。

(6)易引起中毒的常见食物:

①鲜木耳。

常见问题:鲜木耳与市场上销售的干木耳不同,含有叫做"卟啉"的光感物质,如果被人体吸收,经阳光照射,能引起皮肤瘙痒、水肿,严重可致皮肤坏死。若水肿出现在咽喉黏膜,还能导致呼吸困难。

应对方法:新鲜木耳应晒干后再食用。曝晒会分解大部分"卟啉"。市面上销售的干木耳,也需经水浸泡,使可能残余的毒素溶于水中。

②鲜海蜇。

常见问题:新鲜海蜇皮体较厚,水分较多。研究发现,海蜇含有四氨络物、5-羟色胺及多肽类物质,有较强的组胺反应,引起"海蜇中毒",出现腹泻、呕吐等症状。

应对方法:只有经过食盐加明矾盐渍3次(俗称"三矾"),使鲜海蜇脱水,才能将毒素排尽,方可食用。"三矾"海蜇呈浅红或浅黄色,厚薄均匀且有韧性,用力挤也挤不出水。

海蜇有时会附着一种叫"副溶血性弧菌"的细菌,对酸性环境比较敏感。因此凉拌海蜇时,应放在淡水里浸泡两天,食用前加工好,再用醋浸泡5分钟以上,就能消灭全部"弧菌"。这时候,你可以放心大胆地吃凉拌海蜇了。

③鲜黄花菜。

常见问题:含有毒成分"秋水仙碱",如果未经水焯、浸泡,且急火快炒后食用,可能导致头痛头晕、恶心呕吐、腹胀腹泻,甚至体温改变、四肢麻木。

应对方法:干制黄花菜无毒。想尝尝新鲜黄花菜的滋味,应去其条柄,开水焯过,然后用清水充分浸泡、冲洗,使"秋水仙碱"最大限度溶于水

黄花菜

中。建议将新鲜黄花菜蒸熟后晒干,若需要食用,取一部分加水泡开,再进一步烹调。

如果出现中毒症状,不妨喝一些凉盐水、绿豆汤或葡萄糖溶液,以稀释毒素,加快排泄。症状较重者,立刻去医院救治。

④变质蔬菜。

常见问题:在冬季,蔬菜、特别是绿叶蔬菜储存一天后,其含有的硝酸盐成分会逐渐增加。人吃了不新鲜的蔬菜,肠道会将硝酸盐还原成亚硝酸盐。亚硝酸盐会使血液丧失携氧能力,导致头晕头痛、恶心腹胀、肢端青紫等,严重时还可能发生抽搐、四肢强直或屈曲,进而昏迷。

应对方法:如果病情严重,一定要送医院治疗。而轻微中毒的情况下,可食用富含维生素 C 或茶多酚等抗氧化物质的食品加以缓解。大蒜能阻断有毒物的合成进程,所以民间说大蒜可杀菌是有道理的。

需要提醒的是,蔬菜当天买当天吃完最好。将大白菜、青椒等用报纸包裹着放在冰箱里,这也是不可取的。

⑤变质生姜。

常见问题:生姜适宜放在温暖、湿润的地方,存贮温度以12℃～15℃为宜。如果存贮温度过高,腐烂会很严重。变质生姜含毒性很强的物质"黄樟素",一旦被人体吸收,即使量很少,也可能引起肝细胞中毒变性。人们常说"烂姜不烂味",这种观点是错误的。

⑥霉变甘蔗。

常见问题:霉变的甘蔗"毒性十足"。霉变甘蔗的外观无正常光泽、质地变软,肉质变成浅黄或暗红、灰黑色,有时还会发现霉斑。如果闻到酒味或霉酸味,则表明严重变质。甘蔗阜孢霉、串珠镰刀菌等产生的霉菌毒素10分钟～48小时内引起头痛、头晕、恶心、呕吐、腹痛、腹泻、视力障碍;重者剧吐、阵发性痉挛性抽搐、神志不清、昏迷、幻视、哭闹。误食后,可引起中枢神经系统受损,轻者出现头晕头痛、恶心呕吐、腹痛腹泻、视力障碍等;严重者可能抽搐、四肢强直或屈曲,进而昏迷。

应对方法:观其色、闻其味之后,如果发现可疑,请一定不要食用。因为霉变甘蔗中含有神经毒素,而且目前还没有特效的解毒药。儿童的抵抗力较弱,要特别注意。

⑦长斑红薯。

常见问题:红薯表面出现黑褐色斑块,表明受到黑斑病菌(一种真菌)污染,排出的毒素有剧毒,不仅使红薯变硬、发苦,而且对人体肝脏影响很大。这种毒素,使用煮、蒸或烤的方法都不能使之破坏。因此,有黑斑病的红薯,不论生吃或熟吃,均可引起中毒。

长斑红薯

⑧生豆浆。

常见问题:未煮熟的豆浆含有皂素等物质,不仅难以消化,还会诱发恶心、呕吐、腹泻等症状。

应对方法:一定将豆浆彻底煮开再喝。豆浆煮至85℃～90℃时,皂素容易受热膨胀,产生大量泡沫,常让人误以为已经煮熟。家庭自制豆浆或煮黄豆时,应在100℃的条件下,加热约10分钟,才能放心饮用。

还需注意,别往豆浆里加红糖;红糖所含醋酸、乳酸等有机酸,与豆浆中的钙结合,产生醋酸钙、乳酸钙等块状物,不仅降低豆浆的营养价值,而且影响营养素吸收。此外,豆浆中的嘌呤含量较高,痛风病人不宜饮用。

⑨生四季豆。

常见问题:四季豆又名刀豆、芸豆、扁豆等,是人们普遍食用的蔬菜。生的四季豆中含皂甙和血球凝集素,皂甙对人体消化道具有强烈的刺激性,可引起出血性炎症,并对红细胞有溶解作用。此外,豆粒中还含红细胞凝集素,具有红细胞凝集作用。如果烹调时加热不彻底,豆类的毒素成分未被破坏,食用后会引起中毒。

四季豆中毒的发病潜伏期为数十分钟至数小时,一般不超过5小时。主要有恶心、呕吐、腹痛、腹泻等胃肠炎症状,同时伴有头痛、头晕、出冷汗等神经系统症状;有时四肢麻木、胃烧灼感、心慌和背痛等。病程一般为数小时或1～2天,愈后良好。若中毒较深,则需送医院治疗。

应对方法:家庭预防四季豆中毒的方法非常简单,只要把四季豆煮熟焖透就可以了。每一锅的量不应超过锅容量的一半,用油炒过后,加适量的水,加上锅盖焖10分钟左右,并用铲子不断地翻动四季豆,使它受热均匀。

另外,要注意不买、不吃老四季豆,把四季豆两头和豆荚摘掉,因为这些部位含毒素较多。使四季豆外观失去原有的生绿色,吃起来没有豆腥味,就不会中毒。

⑩青番茄。

常见问题:青番茄含有与发芽土豆相同的有毒物质——龙葵碱。人体吸收后会产生头晕恶心、流涎呕吐等症状,严重者发生抽搐,对生命威胁很大。

应对方法:关键要选熟番茄。首先,外观要彻底红透,不带青斑。其次,熟番茄酸味正常,无涩味。第三,熟番茄蒂部自然脱落,外形平展。有时青番茄因存放时间久,外观虽然变红,但茄肉仍保持青

青番茄

色,此种番茄同样对人体有害,需仔细分辨。购买时,应看一看其蒂部,若采摘时为青番茄,蒂部常被强行拔下,皱缩不平。

2. 农药中毒

农药中毒以急性生活性中毒为多,主要是由于误服或自杀、滥用农药引起。生产作业环境污染所致农药中毒,主要发生于农药厂生产的包装工和农村施用农药人员。在田间喷洒农药或配药及检修施药工具时,皮肤易被农药污染,均容易经皮肤和呼吸道吸收发生急性中毒。在接触农药过程中,如果农药进入人体的量超过了正常人的最大耐受量,使人的正常生理功能受到影响,出现生理失调、病理改变等一系列中毒临床表现,就是农药中毒现象。主要症状表现为头晕、头痛、浑身无力、多汗、恶心、呕吐、肚子疼、腹泻、胸闷、呼吸困难等;重者还会有瞳孔缩小、昏睡、四肢颤抖、肌肉抽搐、口中有金属味等症状。

应急须知

(1)立即帮助中毒者脱离现场,转移到空气新鲜的地方。皮肤染毒者应立即脱去被污染的衣服,用肥皂水彻底清洗被污染的皮肤、毛发和指甲等,以免毒物被进一步吸收。同时拨打"120"急救电话,送中毒者去医院。

(2)对于已经丧失意识的中毒者,应解开其颈部纽扣、领带,解开裤

带、围裙,摘掉假牙、眼镜等,使中毒者侧卧,头偏向一侧,以利于口腔内分泌物的排除,保持呼吸道通畅。施救者可根据现场情况及中毒物质种类,采用拇指按压人中、十宣、涌泉等穴位的办法施救。

(3)不要强行控制中毒者痉挛或抽搐。要用软物垫在其牙齿之间,以免咬伤舌头,但要确保软物不会被吞下阻碍呼吸。要密切观察中毒者,防止其自我伤害。

(4)如果中毒者大量出汗且体温很高,要用棉布、毛巾或海绵蘸凉水擦中毒者体表,为其降温。如果中毒者发冷,要用毯子覆盖,保持体温。

(5)中毒者呼吸、心跳停止时,立即在现场施行人工呼吸和胸外心脏按压,待恢复呼吸、心跳后,再送医院治疗。

(6)不要让中毒者吸烟、饮酒或喝牛奶。

(7)查阅中毒农药标签上的急救说明,以了解该农药中毒是否需要诱发呕吐。对需要诱发呕吐且意识清醒的中毒者,应该立即实施催吐。为了节约时间,催吐可在送医院途中进行。

(8)尽可能向医务人员提供引起中毒农药的名称、剂型、浓度等。

(9)农药喷入眼睛者,立即用大量清水充分冲洗,翻转上下眼睑,边冲洗边转动眼球。

特别提示

(1)农药中毒途径主要有:
①经皮肤吸收。通过皮肤接触农药而中毒,是最常见、最主要的中毒

途径。

②经呼吸道吸入。经呼吸道吸入农药而引起中毒，也是最快、最常见的中毒途径。

③经口(消化道)摄入。症状严重，常见于误食或者服毒自杀者。

④直接使用了有毒的食品！农药残留也可以引起中毒。

⑤高温状态下，下田间喷洒农药，也极容易引起中毒。

(2)施洒农药时，人员应站在上风方向，并戴好口罩。

(3)盛放农药的瓶子应放在儿童不容易拿到的地方。

(4)妥善保管农药，以免误服。

3. 杀鼠剂中毒

临床上杀鼠剂中毒多见幼儿误食或口服自杀等情况。常见的杀鼠剂有磷化锌、敌鼠及华法林等。磷化锌对消化道有强腐蚀性，对中枢神经系统有抑制细胞色素氧化酶作用。敌鼠和华法林主要影响血液系统。症状表现：恶心、呕吐、鼻出血、紫癜、呕血、便血、咯血、肌肉震颤、心律失常、休克、昏迷等。

应急须知

(1)发现中毒后，应立即用手指刺激咽喉部催吐，或连喝几杯水然后催吐，一直到吐出来的东西像清水一样。

(2)保持呼吸道通畅。畅通呼吸道,有助于增加通气量,增加换气效率,这也是进行呼吸支持治疗的必要条件。

(3)疑有中毒者,应及时到医院诊治,不可麻痹大意延误救治机会。

(4)预防感染。

特别提示

(1)不要让中毒者吃含油食物和蛋黄,以防加速毒物吸收。

(2)不要让中毒者吃碱性食物,以减少毒物的吸收。

(3)应将杀鼠剂放在幼儿拿不到的地方,防止幼儿误食。

4.煤气中毒

煤气中毒的正式名称为一氧化碳(CO)中毒,一氧化碳是一种无色无味的气体,不易察觉。血液中血红蛋白与一氧化碳的结合能力比与氧的结合能力要强200多倍。所以,人一旦吸入一氧化碳,氧便失去了与血红蛋白结合的机会,使组织细胞无法从血液中获得足够的氧气,致使呼吸困难。中毒后的轻度表现为剧烈头痛、颞部搏动感、头晕、心悸、恶心、呕吐、乏力、走路不稳等;中度表现为面色潮红、唇呈樱桃红色、脉搏加快(>100次/分钟)、烦躁不安、全身极度乏力;重度表现为昏迷、瞳孔缩小、大小便失禁,还可有发热、抽搐等。

应急须知

(1)中毒事件发生后,应迅速关闭煤气源和电源,帮助中毒者脱离中毒环境。尽快将中毒者移至空气新鲜的地方,如无法做到则应打开门窗通风换气,还可使用风扇加速空气流通,降低室内一氧化碳浓度。

(2)尽快送中毒者去医院接受高压氧治疗:治疗急性一氧化碳中毒的最佳方法是高压氧治疗,因此应争分夺秒送中毒者去有高压氧治疗设备的医院并在途中提前通知医院。

(3)保持呼吸道通畅。煤气中毒者多呈昏迷状态,因此必须预防窒息。可让患者采取侧卧体位,并及时清理呕吐物。

(4)对重度中毒者特别是呼吸浅、慢及不规则的中毒者,应尽快实施口对口人工呼吸,直至到达医院或专业急救人员到来。

特别提示

(1)凡有一氧化碳产生的地方,都需要注意环境的通风,有条件时可安装一氧化碳报警器。

(2)尽可能避免在相对密闭的空间使用燃炭的煤炉及长时间发动汽车、使用柴油发动机等。

(3)冬季室内燃煤时要安装风斗,生炉子时必须安装烟囱,并注意经常检查和清理,保持烟囱的通畅。

(4)平时要掌握心肺复苏的技能。

(5)如果入室后感到有煤气味,应迅速打开门窗,并检查有无煤气漏泄或有煤炉在室内,切勿点火。

(6)避免以下急救误区:

①煤气中毒患者冻一下会醒。寒冷刺激不仅会加重缺氧,更能导致末梢循环障碍,诱发休克和死亡。因此,发现煤气中毒后一定要注意保暖,并迅速向"120"呼救。

②认为有臭渣子味就是煤气。一些劣质煤炭燃烧时有股臭味,会引起头疼、头晕。而煤气是一氧化碳气体,是无色无味的。

③在炉边放盆清水可预防煤气中毒。科学证实,一氧化碳是不溶于水的。

④煤气中毒患者醒了就没事。煤气中毒患者必须经医院的系统治疗后方可出院,有并发症或后遗症者出院后还应根据医嘱口服药物或进行其他对症治疗。

第五部分　社会安全事件及其应急

一、非法侵害类

1. 入室盗窃与抢劫

入室盗窃、抢劫具有隐蔽性的特点,往往会造成受害人较大的财物损失,甚至对其生命安全构成威胁。

从严格意义上来说,入室盗窃和抢劫又是有所区别的:前者是秘密窃取财物;后者是暴力、胁迫或者以其他使被害人不能反抗、不知反抗等手段取得被害人财物。

应急须知

(1)夜间遭遇入室盗窃,应沉着应对、保持冷静,本着"人身安全第一"

的原则灵活处置。在能力允许的情况下,可将歹徒制服或者报警求助。在未被歹徒觉察的情况下,可将其关闭在犯罪现场,并及时报警和取得周围邻居的援助。千万不要因一时冲动,造成不必要的人身伤害。

(2)家中无人时遭遇盗窃,发现后应保持好现场并立即报警。

(3)遭遇入室抢劫,在无力抵抗的情况下,应放弃财物,首先确保人身安全,切勿激怒歹徒,应尽量与其周旋,寻找机会脱身。

(4)记住歹徒的体貌特征、人数、口音、作案工具及作案车辆的特征、车牌号码和逃跑方向。

特别提示

(1)增强自我防范意识,注意保护私人信息,不要在公众场所炫耀财富。

(2)邻里之间要互相照应。当遇到陌生人在住所附近徘徊时要多加小心,必要时应进行监视、盘问或拨打"110"报警电话。

(3)要认真辨别上门的推销员、维修工、家政服务员等的身份,不要让陌生人进屋;老人和儿童独自在家时,应锁好房门,不接待任何客人。

(4)钥匙要随身携带,不要乱扔乱放,不要把家里的钥匙挂在孩子的脖子上,以免给犯罪分子创造取得钥匙的机会。丢失钥匙要及时更换门锁。另外,在外出时,勿将钥匙、名片、信件等物品一起放在皮包里,以免皮包被盗后,小偷会按照名片、信件上的地址上门盗窃。

(5)不要将财物放置于窗边等显眼处,也不要在家里存放大量现金。外出或夜间休息时要将现金、手机、笔记本电脑等贵重且易被窃财物存放妥当。自行车、电动车等要加锁存放。

2. 户外抢劫

户外抢劫，顾名思义，是指在室外通常是指在街道上以非法占有为目的，以暴力夺取他人的财物的违法犯罪行为。如果歹徒持有凶器或者连续作案，则社会危害性极大。

应急须知

（1）在人员聚集区遭到抢劫时，应该大声呼救，并尽快拨打"110"报警。

（2）在僻静无人的地方遭到抢劫时，应当保持镇静，将人身安全放在第一位，宁可失去财物也要保全人身安全。

（3）要记住歹徒的体貌特征、人数、口音、作案工具及作案车辆的特征、车牌号码和逃跑方向。

（4）尽量留住现场见证人，待处于安全状态后，尽快报警。

（5）发现歹徒尾随时，应当尽快走向人多的地方或明亮的公共场所，或向路人求助，并尽快拨打电话报警。

特别提示

（1）背包尽量使用斜背式，不要单肩背，这样"飞车党"不容易下手。

（2）懂得财不外露的道理。

（3）尽量避免在行人稀少的道路上单独行走。

（4）走路时集中注意力，不要戴着耳机等，罪犯喜欢找这类人下手。

（5）去银行存取大量现金时，应尽量找熟人陪同。

(6)驾车外出时,应随手锁好车门,关闭车窗,勿将皮包、现金置于座位上,以免引起歹徒的不法行为。如果汽车发生故障需要下车修理时,应将车停靠在路边,并注意观察周围的情况。

3.扒窃

扒窃是指扒窃分子在公共场所,趁人不备之机,采用掏窃、拎包等方式,窃取其随身携带的财物。扒窃行为通常发生在公共交通工具、车站、码头、市场、商场、公园、广场等公用建筑及公用场所;被扒窃的常是被害人贴身放置的财物。

应急须知

(1)在车上被扒窃后应第一时间拨打"110"报警,应向警方说明所乘车辆、失窃财物等简要情况,根据警方的要求积极配合调查工作。

(2)在车上发现或抓获扒手后,应通知售票员或司机,不要开车门,根据实际情况将车开到公安部门或就地停车检查,同时注意是否有人往车地板上或车窗外扔赃款、赃物。

(3)在集市等热闹拥挤的公共场所失窃,应当立即拨打"110"并同时到失窃地派出所报警。

(4)察觉到扒窃分子实施扒窃行为的,可采用手护被窃物、目光直视或向周围群众大声求救等方法,制止扒窃分子继续作案。

(5)被扒窃后能确定扒窃分子的,在保证人身安全的前提下,可秘密跟踪扒窃分子,并及时向警方反映观察到的扒窃分子逃离方向、销赃或居住地点等线索,为警方及时抓获扒窃分子提供有利条件。

特别提示

（1）一般情况下，不要携带大量现金和贵重物品到人多拥挤的地方；如必须带很多的钱款，应分散放置在内衣口袋里并将拉锁拉好、扣子扣紧。除必要的零用钱外，应将钱款分散妥善藏好，并记住自己所带钱款和贵重物品的独有特征，以便被盗后能辨认。

（2）去商店买东西，如果是骑自行车，切不可将提兜挂在车把上或放到货架上；购物前应对商品的规格、价格有大体了解，避免携款盲目乱窜。在人多眼杂处，应尽量减少翻动现金，也不要时不时地摸一摸放钱的地方，以免被扒窃分子盯上。在看商品时，不要将包搁在一边不管。

（3）在集市等人多拥挤场所，周围突然出现不明原因的骚动并发生拥挤时，应紧紧看住自己的包；如发现眼神、行为异常者，应加倍警惕。在车上，当汽车起步、刹车、转弯、上坡、下坡时要提高警觉。发现有买到终点站或较远车站车票但没到站就提前下车的人，或车上有其他

异常情况时，有必要检查一下自己的钱款是否被盗。

（4）酒后不宜携款购物，更不宜携款出入拥挤场所。

（5）要时刻提高警惕不要以为自己从来没被扒窃过便麻痹大意；不要认为自己身强力壮扒手就不敢偷自己。

（6）遇被扒或看到别人被扒时不要慌乱，要等到时机成熟时突然行动，将扒手抓获，尽量做到人证、物证、旁证齐全。

4. 绑架

绑架指的是以勒索财物为目的，使用暴力、胁迫或麻醉等方法，劫持、

要挟人质或他人的犯罪行为。这种犯罪行为侵害的对象不限于富家子弟或少年儿童,成人、女性被绑架案件也时有发生。

> **应急须知**

(1)要保持冷静,不要主动和绑匪说话,不要盯着绑匪看。要假意答应绑匪的要求,服从他们的安排,不要做任何突然的举动。不要表现出向绑匪挑战的行为,以免激怒处于高度紧张状态的绑匪。

(2)在被捆绑或被虐待的情况下,要保持头脑清醒,尽量减少精神和体力的消耗,做好与绑匪长时间周旋的准备。

(3)尽可能了解自己所处的位置,如记住沿途的地方、路名、标志建筑等。若被蒙住眼睛,可通过计数和聆听周围的声音,判断绑匪开车的行驶时间、路途远近、大致方向和周围环境等。

(4)通过扔下随身物品、写字条等警示标记,将自己被绑架的信息传递给他人,以利于被及时发现。或趁绑匪不注意时,用手机发送短信报警。

(5)通过与绑匪聊天麻痹他们,了解他们的情况,发现他们的弱点,以寻找机会逃脱。

(6)遇到绑匪开枪或使用凶器伤害时,要低头扑地躲避或藏在附近的物体后面,但不要跑开,以免绑匪认为你要逃跑或反击,进而对你进行更大的人身伤害。

(7)如果绑匪通过你向家人打电话敲诈勒索时,可以变换语调用绑匪听不懂的家乡话或外语等暗示家人。

（8）只有在确保自身安全的情况下，才可以选择时机逃脱。准备逃跑时，要注意观察所处的环境，寻找可利用的资源。

（9）当发现附近有人且感觉到这些人能够救你时，可以大声呼救。当附近没有人来救援或者来不及救援时，不要呼救，以免激怒绑匪。

（10）要记住绑匪的相貌、年龄、口音、脸型、身高、举止特征等，以便日后向公安机关提供破案线索。

（11）案发后，人质亲属应立即以隐蔽的方式向警方报案，提供人质的年龄、体貌特征、生活习惯、活动规律、手机号码、随身物品、近期照片，以及绑匪使用的电话号码等；案发前后的有关反常情况，如可疑的人、可疑的电话及车辆等；案发后绑匪要求人质亲属做什么，如什么时间联系、在何地点以何种方式交赎金等。

特别提示

（1）平时要提高防范意识，不要将自己的真实身份、手机号码、家庭电话等私人信息，在网络等信息易被公开的地方公布，以免为犯罪分子提供可乘之机。

（2）独自出行时，无论是开车还是行走，一定要有安全防范意识，发现有可疑人跟踪时，要立即走向行人较多的地方，想办法离开危险地点。必要时，要拨打"110"报警。

（3）带小孩外出时，不要让孩子脱离自己的监护。

（4）平时不要炫富、露富，以免成为绑匪的绑架对象。

（5）绑架发生后，人质亲属应积极与警方合作，在警方的提示下与绑匪保持联系，并根据警方制订的解救方案，协助警方解救人质。切记不要自作主张。

5. 性侵害

性侵害是指加害者以暴力、金钱或甜言蜜语,引诱胁迫他人与其发生性关系,并在性方面造成对受害人的伤害的行为。此类性关系的活动包括猥亵、乱伦、强暴、性交易、媒介卖淫等。女性和未成年人较易遭受性侵害,应当特别重视和防范。

应急须知

(1)在遇到侵害时,要镇定自若、横眉冷对。要采取相应措施坚决与其作斗争。

一般来说,女性遇到性暴力侵害时,应该尽量先采取逃离、瞒骗等策略,在这些策略都无效时才采取反抗的方式。同时,要注意设法在歹徒身上留下印记或痕迹,以备追查、辨认歹徒时做证据。在受到性侵害时,可采用下述应急办法。

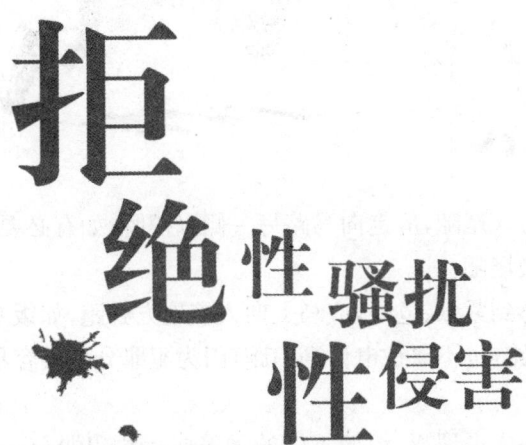

①打击歹徒下身。作为受侵害者不能害羞,打击歹徒下身时要尽可能地狠,因为一击之下,如果没有把对方打得一时动不得,对方必定要报

复。

　　②打五官。在对方不注意时袭击了他的眼睛,他会立即丧失进攻能力。如果对方强行吻你并把舌头伸到你嘴里,你可以咬他的舌头,也可以咬对方的鼻子。

　　③击头。手头抓到可用器物,如雨伞、酒瓶、石头、砖块等,可乘其不备猛击其头部。

　　(2)外出要注意周围动静,不要和陌生人搭腔,如有人叮梢或纠缠,尽快向人多之处靠近,必要时可呼叫。

　　(3)如遇汽车停在旁边,犯罪分子欲实施性侵犯时,应沿与车头相反方向奔跑,并大声呼救。

　　(4)如感觉有人尾随,应走向马路另一侧以摆脱;如有必要,在马路两侧反复穿行,摆脱尾随。

　　(5)如个人感到紧张、危险,应马上向人多地方奔跑,如饭堂、电影院;不要往小胡同里跑,也不要往电话亭内跑,因为犯罪分子很容易把妇女堵在里边。

　　(6)对于那些失去理智、纠缠不清的无赖或违法犯罪分子,千万不要惧怕他们的要挟和讹诈、打击报复。要大胆揭发其阴谋或罪行,学会运用法律武器保护自己,千万注意不能"私了","私了"的结果常会使犯罪分子得寸进尺、没完没了。

第五部分　社会安全事件及其应急

> **特别提示**

（1）女性外出应了解环境，尽量在安全路线行走，避开荒僻和陌生的地方。

（2）女性晚上外出时，应结伴而行。衣着不可过露，切忌轻浮张扬。尤其是年幼女孩外出，家长一定要接送。

（3）女性外出，随时与家里联系，告知自己在什么地方。

（4）女性应该避免单独和男子在家里或是宁静、封闭的环境中会面，尤其是到男子的家里去。

（5）在外不可随便享用陌生人给的饮料或食品，谨防有麻醉药物。拒绝男士提供的色情影视录像和书刊图片，以防其图谋不轨。

（6）独自在家，注意关门，拒绝陌生人进屋。

（7）晚上单独在家睡觉，如果觉得屋里有响声，发觉有陌生人进入室内，不要钻到被窝里蒙着头，应果断开灯并尖叫求救。

（8）参加社交活动与男性单独交往时，要理智地有节制地把握好自己，尤其注意不要过量饮酒。

二、公共场所安全类

1. 公共场所突发险情

人员稠密的公共场所，如商场、集市等，一旦发生突发事件，极易造成混乱，后果不堪设想。

> **应急须知**

（1）发生拥挤或遇到紧急情况时，应保持镇静，在相对安全的地点短暂停留。

（2）注意收听广播，服从现场工作人员引导，尽快就近从安全出口有序撤离，切勿逆着人流行进或抄近路。

（3）人群拥挤时，要用双手抱住胸口，以免内脏被挤压而受伤；能靠边走最好靠边，以便减少人群压力。

（4）在人群中不小心跌倒时，应立即收缩身体，紧抱着头，最大限度地减少伤害。

特别提示

（1）进入公共场所时，要观察好安全通道、应急出口的位置。

（2）应自觉遵守规定，维护赛场秩序，遇到少数人起哄、煽动闹事等情况，不要盲目跟从。

2. 大型活动骚乱

在参加文艺活动、集会等大型活动时，若发生骚乱，极易造成群死群伤的严重事件，产生十分不良的社会影响。

应急须知

(1)发生骚乱时,应避免来回跑动,以免造成人员伤亡。要迅速、有序地向安全出口移动。

(2)周围人群产生混乱时,不要盲目跟随移动,应选择安全地点停留,以免被挤伤。

(3)远离栏杆,以免栏杆被挤折而伤及自身。

(4)疏散时要注意礼让身边的老人、儿童、妇女等弱势群体,不要拥挤,保证有序疏散。

特别提示

(1)进入大型活动场所时,应注意观察现场情况和警示标志,做到心中有数;要有意识地了解现场安全通道和出入口的位置,在发生危险时要尽快从最近的安全出口撤离。

(2)参加大型集会,要穿平底鞋,以保持身体的平衡。

(3)自觉遵守活动规定,维护公共秩序。遇到少数人起哄、煽动闹事时,不要盲目跟从。

(4)遇到骚乱时,千万不要拥挤,以免造成人员伤亡。

三、信息骚扰类

1. 信息诈骗

信息诈骗是指犯罪嫌疑人借助于移动电话、固定电话、互联网络等通讯工具和现代的网银技术等编造虚假事实和身份信息,以空中信号为载体,对不待定对象实施虚假信息诈骗的行为。

信息诈骗渠道主要有短信、电话和网络。诈骗内容主要包括:

(1)购物信息诈骗。诈骗分子通过手机短信或网络发布超低价格出售车辆、手机、电脑信息,先诈骗货款,再以货物为走私物品被扣等原因要求补"关税"、"手续费"、"运费"等实施诈骗。

(2)贷款信息诈骗。诈骗分子群发提供低息甚至无息贷款的信息。当事主联系时,诈骗分子要求其向指定账户汇入"验资款"、"手续费"、"好处费",以诈骗钱财;或索要事主银行账户,再层层设套,窃取事主银行账户密码,通过网上银行将存款迅速转走。

(3)中奖信息诈骗。诈骗分子群发彩票中奖、电话号码中奖、QQ号码中奖等信息,要求中奖人打"兑奖热线"电话,以先缴纳"个人所得税"、"公证费"、"转账手续费"等为借口诈骗钱财。

(4)六合彩信息诈骗。诈骗分子群发信息称提供"六合彩"特码信息,以此为借口,索要"咨询费"、"会员费"、"手续费"进行诈骗。

(5)炒股信息诈骗。诈骗分子通过拨打电话或群发短信,假称某公司或某基金能提供股市内幕消息,索要"咨询费"、"会员费"、"手续费"等进行诈骗。

(6)固话欠费信息诈骗。

(7)银行卡消费信息诈骗。诈骗分子利用短信群发功能,发送内容为"您于×月×日在××商场消费××××元,请于×日内到网点缴费,逾期将从您账户扣除,咨询电话××××××××"。事主拨打短信中提供的电话后,对方自称××银行客户服务中心,要事主持银行卡到ATM机输入密码进行所谓的"查询、设置'防火墙'保护、开通网上电子银行账户"等操作进行诈骗。

(8)假冒亲友诈骗。诈骗分子拨打事主电话,以"猜猜我是谁"的方式,让事主误以为是其亲友,并将该陌生电话存入手机通讯录,骗取信任后,诈骗分子再次打电话以车祸、嫖娼被处理等为借口骗取事主钱财。

(9)婚姻信息诈骗。犯罪嫌疑人在网络、报纸或其他刊物发布虚假征婚信息并留下联系电话。在与事主电话联系一段时间骗取信任后,以商店开业、住院等为借口骗取事主钱财。

(10)银行转账短信息诈骗。诈骗分子群发内容为"请将钱转入这个账户,××银行,李××,银行账号×××××××××××××××××××"的信息,一些准备转账的事主收到短信后未加确认就直接往短信提供的账户汇款从而被骗。

(11)手机充值诈骗。诈骗分子冒充事主朋友发短信给事主,或群发内容为:"能帮我买张×××元的移动充值卡吗,电话欠费了,有急事要用电话,买好把充值卡发给我,回去给你钱。"许多不明真相的人会上当受骗。

(12)发布销售黑车、毒品、枪支、假发票、监听手机软件、复制SIM卡软件等信息实施诈骗。

(13)网络诈骗。通过网络发布虚假商品信息诱使事主汇款实施诈骗。

应急须知

（1）认识各种诈骗形式，在平时严加注意，避免上当。

（2）诈骗分子是可以通过软件来任意设置电话号码的，因此，对诈骗分子所提供的国家机关，应当直接给该机关拨打进行询问，千万不要仅仅通过拨打"114"查询该号码是否真实可靠。

（3）要端正自己的心态，千万不可存有侥幸心理，给诈骗分子以可乘之机。当遇到来电称自己涉案或者中奖，千万不要惊喜和盲目相信，一定要冷静判断："天上不会掉'馅饼'，也不会随便就飞来横祸。"

（4）如果对银行汇款转账等信息存在疑惑，可以拨打银行卡背面的客服热线电话或者直接去银行进行咨询，千万不可轻易相信，以免上当受骗。

（5）对陌生人打来的电话欠费通知，应打电信客服电话进行询问，或到当地电信营业厅进行查询，千万不可轻易相信，以免上当受骗。

（6）如果接到可疑信息，应该采取不相信、不理睬、不联系的方法处理，以避免财物损失，并及时拨打"110"报警，同时将虚假信息发送到通讯公司提供的举报信息平台（编辑"发送短信号码＋短信内容"，中国移动：发送至"10086999"；中国联通：发送至"10010010"）。

特别提示

（1）保护好私人涉密信息，不要轻易泄露个人信息，特别是姓名、身份证号、电话号码、银行账户资料等信息。

（2）不要轻信来历不明的电话和信息；不要接听显示非常规号码的陌生电话。

(3)不要拨打对方提供的电话号码,不要回拨打过来刚接通就挂断的陌生电话。

(4)不要按陌生电话或短信息的提示操作转账业务,不要将资金转入陌生的账户。

(5)接到陌生人打来的电话时,即使对方表明自己是具有特定身份的国家工作人员,也不要轻易相信,应立即到就近的公安机关或银行、电信等部门核实后再做出相应处理。

(6)对于汇款、转账等业务在问明情况后应尽量通过柜台办理相关手续,而不要轻易在自动柜员机(ATM)自行操作。

(7)要清楚公安局、检察院、法院等司法机关从未设立"安全账户";公安机关在办理案件时必须与当事人进行面对面接触,而不会通过电话进行办理。

2. 信息扰乱

信息扰乱是指在上网收发电子邮件或者使用手机的过程中收到包含淫秽、侮辱、恐吓或其他干扰正常生活内容的信息。

应急须知

(1)当收到包含淫秽、侮辱、恐吓等骚扰信息的手机短信、彩信,电子邮件等,千万要保留信息证据并及时报警,在公安机关提取证据前不要将信息删除。

(2)以手机短信形式收到的骚扰信息,千万不要轻易点击信息中的上网链接,以免造成不必要的上网费用。

(3)当收到包含恐吓、威胁、索要钱财等内容的信息时,应及时报警,千万不要私自将钱财以为任何形式交给犯罪分子,以免造成不必要的经济损失。

(4)遇到短信骚扰,不要忍气吞声,但也不要对骂,而是要保存好短信内容并拨打"110"("110"再转至公共信息网络安全监察支队)报警,请求法律援助。

特别提示

(1)在使用电子邮件过程中,不要轻易打开陌生人发送的电子邮件。

(2)遇到信息扰乱时,抱有侥幸心理进行私了或采取暴力等极端形式都是十分不可取的。

第六部分　紧急呼救与急救

一、紧急呼救

(一)遇险求救信号

当事故发生时,人们往往需要通过种种方式向外界发出求救信号,以获得外界的支援。因为事故往往是突然发生的,所处的环境有很大的随机性,这时,就需要人们根据自身情况和周围环境条件,随机应变,就地取材,发出不同的求救信号。

应急须知

(1)声响求救:当事故发生或遭遇到了危难时,除了通过喊叫向外界发送求救信号外,还可以通过吹哨子、击打脸盆、用木棍敲打物品、用斧头击打门窗、敲打能发声的金属器皿,甚至打碎玻璃等物品向周围发送有声响的求救信号。

(2)利用反光镜求救:当事故发生或身处困境时,利用回光反射传递求救信号,是最有效的方法。这种发送信号的方法需要采用的工具是手电筒或能反光的物品如镜子、玻璃片、罐头盖、眼镜等。发送信号的方法是每分钟闪照6次,停顿1分钟后,再重复进行。

（3）抛物求救：当人被困在高楼时，可在高楼往下抛掷枕头、书本、空塑料瓶等软物，以引起楼下的人的注意，并向他们指示方位。

（4）烟火求救：如果在野外遇到了危难，可通过等距离点燃三堆火的方法向外界发送求救信号。在白天发送求救信号时，可以通过燃烧新鲜树枝和青草等方式产生出浓烟，或者在火堆上加上些能散发大量烟雾的材料，当浓烟升空后容易与周围环境相区别，容易被人注意。在夜晚发送求救信号时，可以通过点燃干柴的方式发出明亮耀眼的火光。

（5）地面标志求救：当在野外遇险时，可选择在相对较为开阔的地面如海滩、草地、雪地上，利用石块、树枝、帐篷、衣物等一切可利用的材料制作地面标志；也可以把青草割成一定标志或在雪地上踩出一定标志，

与空中取得联系。这些标志最好是运用以下英语名词或英文缩写，如SOS（求救）、SEND（送出）、DOCTOR（医生）、HELP（帮助）、INJURY（受伤）、TRAPPED（受困）、LOST（迷失）、WATER（水）。

（6）留下信息：当身处困境，或在离开危险地时，要留下一些信号物，或者利用附近可以利用的材料作出指示，如可以将岩石或碎石片摆成箭形；将树枝放在树杈间，顶部指向行动的方向；在卷草的中上部系上结，使其顶端弯曲指示行动的方向；在地上放一根分叉的树枝，分叉点指示行动的方向；用小石块垒成大石堆，在边上再放一小石块指示行动方向；在树干上深刻一个箭头形凹槽表示行动方向；两根交叉的木棒或两块交叉的石头表示此路不通；三块岩石、三根木棒表示危险或紧急。通过这些留下来的信息，既可以让救援人员了解你的位置或者要去的地方，寻找到你，也有助于自己迷路时，以所留下的标记作为向导。

（7）莫尔斯电码求救：用莫尔斯电码发出SOS求救信号，是国际上通

用的紧急求救方式。电码的表示方法为"…"即3个短信号表示S,"－－－"即3个长信号表示O,长信号的时间长度是短信号的3倍左右。这样,SOS就可以用"三短、三长、三短"的任何信号来表示。

这种信号可以用很多的方式发送,可利用灯光如开关手电筒、应急灯、矿灯、汽车大灯、室内照明灯发送光线的方式发送信号;也可以利用声音,如汽笛、哨音、汽车鸣号甚至敲击等方法发送信号。每发送完一组SOS信号,要停顿片刻后再发送下一组信号。另外,国际性高山求救信号是一分钟发出6次哨音,或者挥舞6次,或者火光闪耀6次等,发送完一组信号后,停止一分钟,再重复。

特别提示

(1)一般情况下,凡重复3次的行动都有着寻求援助的象征意义。
(2)要选择在制高点发出信号,也可在山脊处竖立一个与众不同的物体,吸引他人的注意。

(二)遇险求助电话

1. 110

"110"是我国的报警电话号码,主要负责受理刑事、治安案件,也接受群众突遇的、个人无力解决的紧急危难求助等。当发现有刑事案件、治安事件,危及人身、财产安全及社会治安秩序的群体性事件,自然灾害、治安灾害事故及其他需要公安机关进行紧急处置的违法犯罪行为时,要及时拨打"110"报警电话。

应急须知

（1）当发现有诸如杀人、抢劫、绑架、强奸、伤害、盗窃、贩毒等刑事案件正在进行或可能发生时，要及时报警。如果情况紧急，来不及报警，要在制伏歹徒或脱离险情后迅速报警。

（2）如果发现有正在进行或可能发生的各类治安案件或紧急治安事件，如扰乱商店、车站、市场、体育文化娱乐场所公共秩序的事件，或赌博、卖淫嫖娼、吸毒、结伙斗殴等治安事件时，要拨打"110"报警。

（3）当有火灾或交通事故发生时，可拨打"110"报警。

（4）在自然灾害和意外事故发生时，也可拨打"110"报警。

（5）要举报各种犯罪行为及犯罪嫌疑人时，可拨打"110"报警。

（6）对于那些需要有人民警察到现场才能处置的事件，可拨打"110"报警。

（7）在必须求助时，可拨打"110"说明情况。

（8）当发生微小责任事故时，可拨打"110"说明情况。

（9）当突遇危难个人无力解决时，可拨打"110"说明情况。

（10）当要举报违法犯罪线索时，可拨打"110"报警。

特别提示

（1）拨打"110"报警时，一定要在附近的地方，要抓紧时间，越快越好。所有有电话包括单位、个人及公用电话都可拨打"110"。

（2）拨打"110"报警时，要在民警的提示下讲清楚基本情况，如现场的原始状态如何，有没有采取措施，犯罪分子或可疑人员的人数、特点、携带的物品情况和逃跑方向等。还要向民警提供报警人的所在位置、姓名和联系方式。

(3)如果没有特殊情况,报警后应在报警地等候并与民警及时联系。有案发现场的,要注意保护现场,以便民警赶到现场提取痕迹和物证。除营救伤员的民警外,其他任何人不得进入现场。

(4)应教育孩子不要因无聊乱拨"110"戏弄民警;对其他小孩拨打"110"的,也要让其家长对其进行教育。

(5)"110"是特殊服务号码,使用时不收取话费。手机、市话、可拨通外线的分机电话、公用电话都能打"110"。在用手机拨打"110"时不必加区号。

2. 119

在发现火情时,要及时拨打"119"报警。

应急须知

(1)电话接通以后,要准确报出火灾发生处的详细地址。要告知警察火灾现场有哪些便于识别的建筑物或其他标志性建筑,要讲明区(市)、镇、村庄的名称和具体方位。如果一时说不清楚具体地址,也要说出大体的地理位置。要讲清楚具体的楼层。要讲清楚是什么东西着火了、火势

有多大、有没有人被困、有没有发生爆炸、是否有毒气泄漏,还要讲清着火的范围,火势的情况如看见冒烟、看到火光、火势猛烈、有多少间房屋着火,有没有人员被困或伤亡。如果火情发生了变化,要马上告知公安消防队,这样做,有利于他们及时调整力量部署。

(2)要将自己的姓名、电话或手机号码告诉对方,这样便于消防部门电话联系,并能及时了解火灾现场的具体情况,有效调集灭火力量。

(3)在打完电话后,要立即派人到消防车可能来的主要路口等候消防车,以引导消防车迅速赶往火灾现场。

(4)要向民警讲清楚油类等燃烧物品存放的位置、数量和性质。

特别提示

(1)要记清火警电话"119",但不要随便拨打,任何人都不得谎报火警。因为报告火警是很严肃的一件事情,一定不能当儿戏。按我国的有关条例,谎报火警会扰乱社会秩序、妨碍公共安全,是一种违法行为。

(2)拨打火警电话"119"时,要保持冷静,不要慌乱,把情况用尽量简练的语言表达清楚。

(3)拨打火警电话"119"

与公安消防队出警灭火都是免费的。

(4)注意听清接警中心提出的问题,以便正确回答。回答接警中心的提问时,要有耐心,要等对方明确说了可以挂断电话时才能挂电话。

(5)"119"还担负着其他一些灾害或事故的抢险救援工作,如危险化学品泄漏事故的救援,地震等重大自然灾害的抢险救灾,建筑物倒塌事故的抢险救援,空难及重大事故的抢险救灾,恐怖袭击等突发性事件的应急救援,单位和群众遇险求助时的救助。

3. 120

"120"是我国统一的急救号码,供人们在需要医疗急救服务时拨打。

应急须知

(1)在需要医疗急救服务时,拨打"120"接通急救中心时,应向对方说清楚病人所在的地址,病人的年龄、性别和病人发病的情况,不要因泣不成声而说不清楚或说不完整。如果一时不知道确切的地址,也要向对方说明大体的方位;如果附近有标志性建筑,应该说明,或者指出在哪条街的什么地方。另外,还要向对方提供呼救者的姓名及电话号码,以便对方与呼救人联系,以免发生救护人员找不到病人的情况。

(2)电话接通后,应该尽可能向对方详细地描述病人的病情,诸如吐血、呕吐、意识不清、胸痛、呼吸困难等。还要尽量具体地报告病人患病的原因和受伤的时间。如果对病人的病史有一定的了解,在呼救时也应向急救人员报告,这些信息可以帮助救护人员提前做好救治的准备工作。

(3)拨打"120"后,要确定救护车什么时间段能来救助。挂断电话后,应该有人到住宅门口或交叉路口等候,以引导救护人员或救护车进入。在救护车来到之前,还需提前疏通将要搬运病人的通道。

(4)对于意外伤害,特别是有成批的伤员或中毒的病人时,需要说明伤害的性质,如溺水、食物中毒、触电、火灾、煤气中毒、交通事故等,要报告罹患人员的大体数目与受害人的受伤部位和受伤的情况,以便于"120"调集救护车辆。在情况严重时,要向政府部门报告,以便政府部门通知各个医院的救援人员到事故发生地点集中。

(5)要把病人需要随身携带的药品、衣物等提前准备妥当。对因服药中毒的病人,还要把可疑的药品带上,以供医生诊断时参考。

(6)在选择去哪家医院时,虽然要考虑医院的特色,但就近是第一位。对于救治病人来说,争取时间是最重要的。

特别提示

(1)急救中心是24小时服务的,只要是在医院以外的地方发生了急危重症,都可以随时拨打"120"向急救中心寻求帮助,要求派救护车。

(2)如果电话打完后20分钟内救护车还没有到,可以再次拨打"120"。如果病人的情况还算好时,不要再去找其他车辆,因为"120"接到呼叫后一定会派救护车来。

(3)拨打"120"后,应让"120"电话台先挂电话,避免所提供的信息不足。

(4)"120"属于免收费的电话号码,手机、投币的或用磁卡的公用电话都可以直接拨打。

4. 122

发生交通事故或纠纷时,可通过拨打"122"报警。"122"服务台实行24小时值班。群众只要用电话拨打"122"即可免费接通,进行电话报警。

应急须知

(1)当报警电话接通后,要将所看到的交通事故的情况作简明扼要的介绍。要说明交通事故发生的地点、时间、肇事车辆的车型、车牌号码,发生交通事故的原因。还要报告事故现场有没有发生火灾或爆炸、有没有人员伤亡、有没有造成交通堵塞等。

(2)拨打"122"后,要待对方挂断电话再挂机。

(3)在拨打"122"报警时,要说出自己的姓名、性别、年龄、住址、联系电话,以便交警部门及时与你取得联系。

(4)如果发生交通安全事故后,车辆已经变形,人员被困在车内,这时要拨打"122"或"110"电话求助。在为了抢救伤员移动了现场位置的地方，要做好标记。

特别提示

（1）出现交通安全事故时，拨打"122"报警电话，向交通警察寻求帮助是最好的解决办法。

（2）不要在并没有发生交通安全事故的情况下拨打"122"报警电话，也不要因为好奇或认为好玩而随意拨打，更不能虚假报警，否则要承担相应的法律责任。

（3）拨打"122"免收电话费，手机、座机、投币或磁卡等公用电话都可以直接拨打。

（4）拨打"122"报警后，交警尚没有到达事故现场之前，要注意事故现场的保护。

（5）122主要受理交通事故报警、其他紧急危难求助、交通问题的举报和投诉、对交通民警执法工作的投诉。

（6）遇到肇事车辆逃跑的情况，要记下其车牌号码、车型、车体颜色和特征，并尽快向公安机关举报。

（7）如果发生交通事故时，已造成人员伤亡，就要马上拨打"120"电话，同时不要破坏事故现场，也不要随意移动伤员。

（8）发生交通事故的双方均认为可以自行解决事故而要变动现场的，一定要标明事故现场的位置，要把车辆移到不妨碍交通的地方，等候交通警察来处理。

二、急救方法

1. 心肺复苏

　　溺水、触电、猝死、窒息、中毒、失血过多时,常常会造成心脏停搏,这时往往需要进行针对心跳、呼吸骤停的急救,即心肺复苏。心肺复苏包括人工呼吸和胸外按压两部分,是抢救过程中所采取的一种针对呼吸、心跳停止的急症危重病人的关键措施,其主要原理是通过人工胸外按压形成暂时的循环以恢复病人心脏的自主搏动,以人工呼吸代替病人的自主呼吸。心肺复苏的目的是开放气道,重建呼吸和循环。

应急须知

　　(1)在进行心肺复苏的施救时,要将病人的头部向一侧偏,清除病人口鼻里的异物,再一手按住病人的额头,用另一只手的食指和中指托起病人的下巴,使病人的头往后仰。要注意观察病人胸部有没有起伏,将脸颊靠近病人的口鼻,看有没有空气流动,听有没有呼吸声音。观察5～10秒钟后,确定病人有没有停止呼吸。

(2)对病人进行人工呼吸时,首先要保持病人的呼吸道处于打开的状态,用拇指和食指捏住病人的鼻孔,用嘴包住病人的嘴,将气平稳地吹入病人口中。吹气的过程中,要注意避免气体漏出来。在病人胸廓扩张后停止吹气,施救者的口离开病人的口唇,松开手指后,侧过头吸入新鲜空气。吹气时间无论是对成人还是小孩都不能少于1秒钟。吹气2次后,马上开始实施胸外按压。

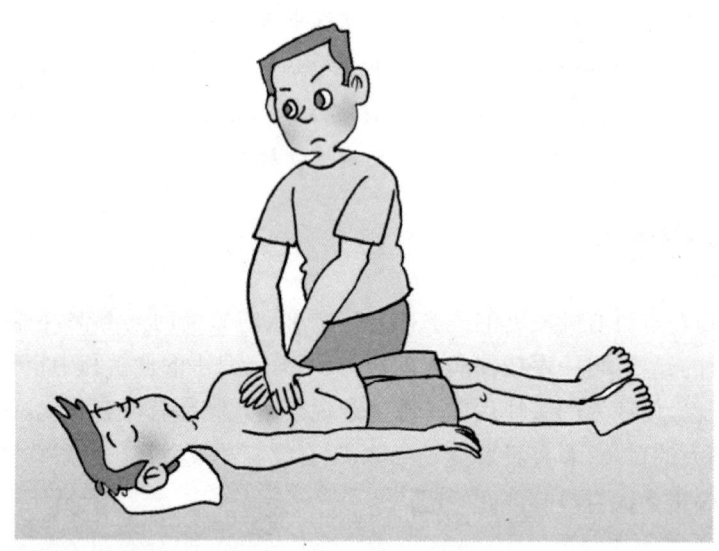

(3)对病人进行胸外按压时,如果病人的胸部可以充分暴露,施救者直接把一只手放在病人胸部两侧乳头连线和胸骨正中的交点上,另一只手叠放在前一只手的手背上。如果病人的胸部不宜暴露,施救者将右手拇指和其他四指分开,紧贴在病人对侧的腋下,向胸部垂直滑动到达胸骨的正中央,另一只手叠放在这只手上,手指相扣,贴腕翘指,翘起的手指不要压到胸肋,用髋关节用力,肘关节伸直后垂直用力往下压。对成年病人来说,手掌下压的深度为4~5厘米,每分钟要做约100次。

特别提示

(1)当发现伤员后,要先检查现场情况,有针对性地采取救护措施。

如果现场安全,可选择在现场进行急救;如果发现现场并不安全,必须将伤员转移到安全地带再进行急救。

(2)心肺复苏的实施有较强的专业性。在为病人实施心肺复苏时,要对心肺复苏的相关知识有一定的了解并接受过相关的训练。心肺复苏法的最佳实施时间是在心搏骤停后4分钟内。

(3)在对病人实施心肺复苏前,要解松病人的衣扣和裤带,避免施救过程中损伤内脏。要注意,只有在病人心脏停止跳动的情况下才能施行胸外心脏按压。

(4)进行人工呼吸时,口对口的吹气量一次不要太大,一般应少于1200毫升,看到病人胸廓有稍微的起伏即可。口对口吹气的时间也不要过长,时间过长会引起急性胃扩张、胃胀气或呕吐。人工呼吸时还要注意观察病人的气道是不是通畅,胸廓有没有因为吹入了气体而扩张。

(5)人工呼吸和胸外心脏按压要交替进行,要按吹气和按压的比例进行操作:通常单人抢救时每做30次胸外按压就要做2次人工呼吸,双人抢救和单人抢救的比例相同。吹气或按压的次数过多或过少,都会对病人能否复苏有影响。对病人实施心肺复苏时,尽量不要中途停止,要保持连续操作,直到病人恢复了呼吸和心搏,或者专业的急救医护人员到达现场。

(6)胸外心脏按压的位置必须准确。如果没有按压到准确的位置,会容易对其他内脏器官造成损害。按压病人心脏时要用掌的根部,不要用手指按,否则会造成胸骨骨折,引起气胸、血胸。按压时用力要适宜。如果用力过大或过猛有可能会造成胸骨骨折。如果按压的力度过轻,对胸腔产生的压力小,难以推动血液循环。

2.猝死的急救方法

人在正常工作、生活或运动时,突然昏倒在地,意识丧失,面色死灰,脉搏消失,心跳、呼吸停止,瞳孔放大,在发病后即刻或6小时内自然死亡的情况叫做猝死。其特点是死亡急骤、死亡出人意料、自然死亡或非暴力死亡、死亡原因不明。

应急须知

(1)发现有人出现猝死的症状时,要立刻拨打"120"报警,寻求医疗救护。

(2)一旦发现病人有猝死的症状并出现心搏骤停时,要当机立断、分秒必争地就地进行心脏复苏抢救。因为一旦心搏停止超过6分钟就很容易引起不可逆的脑损伤或死亡。

(3)在抢救猝死病人的同时要弄清病因,使其得到正确的治疗。

(4)如果猝死病人还有意识,要根据其既往病史和现场的具体情况,给其紧急服用急救药物。如果发生猝死的病人是心绞痛病人,应马上让其舌下含服硝酸甘油,也可以给其喂服异山梨酯(消心痛)或速效救心丸等。对于病因尚且不明或意识不清的病人,不要随意给药,以免其出现呼吸道梗阻。

> 特别提示

(1)当发现有猝死病人时,在急救期间不要随意搬动病人。

(2)当救护车到来时,要赶紧救护病人,运送途中不能停止抢救。对猝死病人来说,如果一定要送到医院进行救护,必须使用急救车。

(3)猝死病人或有猝死病史的人员要适当参加体育活动,要戒烟酒,还要避免长时间紧张的脑力劳动和情绪激动。患有冠心病、高血压等慢性病的人,要积极防治。

3.胸腹外伤的急救方法

当有人发生利器刺入胸、腹部或肠管外脱事故的时候,不能随便对其进行处理,要避免病人因出血过多或脏器严重感染而使生命受到威胁。

> 应急须知

(1)当发现有人出现了胸腹外伤时,要立即拨打120急救电话。

(2)已经刺入胸、腹部的利器,千万不要擅自取出,而要就近找东西将刺入胸、腹的利器固定好,迅速将伤者送往医院。

(3)如果有人因腹部外伤造成肠管脱出体外,千万不要将脱出的肠管直接送回腹腔,也不要擦除肠管上的黏液。应在脱出的肠管上覆盖一些消毒纱布或消毒布类,再用干净的碗或盆扣在伤口上方,并用绷带或布带进行固定后,迅速送医院抢救。

(4)在转送腹部受伤的病人时,要使病人保持平卧,膝和髋关节要处于半屈曲状,以减少痛苦。在运送胸部受伤的病人时,要使伤者保持半卧的姿势,身体略微向伤侧倾,这样可以减轻痛苦。

> 特别提示

(1)如果将伤者身上刺入胸、腹部的利器拔出,会造成伤者大出血,危及伤者的生命安全。

(2)如果伤者自行将外脱的肠管送回腹腔,极有可能会造成严重的感染。

4. 烫伤与烧伤的急救方法

烫伤与烧伤是生活中很常见的一种事故,常常因沸水、火焰、热油、电流、放射线、化学物质如强酸或强碱引起特殊损伤,生活中以火焰烧伤、热水或热油烫伤最常见。烫伤与烧伤首先损伤皮肤。轻者会出现皮肤肿胀、起水泡、疼痛的症状;重者会出现皮肤烧焦,甚至血管、神经、肌腱等同时受损,严重时可能危及生命,即使能有幸保住生命也会留下严重的瘢痕和造成残疾,给伤者带来痛苦。如果能在事故发生时及时地正确处理,能有效地减轻因烫伤与烧伤造成的伤害。

> 应急须知

(1)烫伤后,要迅速除去热源,离开烫伤现场,在第一时间用清水冲洗伤口10分钟以上。这样做,可以带走局部组织的一些热量减少造成进一步的损害,使伤口冷却。救护时要视烫伤的轻重程度采取有效的措施。如果烫伤程度较轻且没有伤口,可往患处涂獾油、烫伤药膏等,不要在创面上涂用

各种"消毒药水",特别是有颜色的"红药水"、"紫药水"甚至酱油等,以免影响医生对烧伤严重程度和深度的判断。如果烫伤或烧伤程度较为严重,可先不涂药,用敷料如清洁的布料等遮盖伤处后立即送往医院救治。在做饭时被油烫伤后,如果患处还没有破损,要马上用柔软的棉布轻轻擦去溅到的油,再用干净毛巾沾冷水湿敷烫伤处,起到降温的作用。

(2)小孩喝开水时咽喉被烫伤,患者会出现剧烈的咳嗽,还会出现声嘶并伴有咽痛、吞咽困难等症状。轻者可在家休养治疗,期间不要吃硬的或热的食物,要以软的、凉的食物为主并注意休息。如果出现了严重的咽喉水肿,明显地影响了呼吸,要立即送医院诊治。

(3)在被电熨斗烫伤后,要马上断电,再根据烫伤的程度选择不同的方法。如果只是小面积的轻度烫伤,早期还没有形成水泡但出现红热刺痛的症状时,可擦用菜油、豆油或清凉油等,也可用消毒的凡士林纱布敷盖。如果已经出现了水泡,可先用0.1%新洁尔灭溶液或75%酒精涂拭患处周围的皮肤,创面再用生理盐水或肥皂水冲洗干净,在无菌条件下可将水泡内的液体抽出,再用三磺软膏、四环素软膏、烫伤膏涂抹创面,或者用消毒后的凡士林纱布包扎。

(4)烧伤后,要尽量保持烧伤者的呼吸道畅通,小心除去伤者创面周围的衣物、皮带、手表、项链、戒指、鞋等。如果烧伤后皮肤尚完整,要尽快

使局部皮肤降温。可将烧伤部位置于水龙头下冲洗,再用一块松软潮湿、最好是消毒的垫子包扎伤处,但注意不要包扎得太紧。如果患者烧伤处已经起了水泡,要对烧伤部位进行保护或降温。用干净的水冲洗烧伤部分时,不要刺破或擦破水泡,以避免烧伤处受到感染。如果烧伤处已出现肿胀,要在去掉饰物后,用冷水对伤处进行连续的冲洗,再用没有黏性的敷料或潮湿的最好是消毒的垫子轻轻地放在水泡上;如果水泡较大,此时一定要将患者送往医院。如果发现创面粘有衣物等,要首先用冷水降温,再用剪刀将患处周围的衣服剪开;如果患者的衣服和患处已经粘连,应该尽可能地让患处暴露出来,并用清洁的纱布轻轻覆盖在上面。

(5)被生石灰烧伤后,要迅速清除石灰颗粒,用大量流动的洁净的冷水冲洗至少10分钟以上;如是眼内烧伤,更应彻底冲洗。切忌将受伤部位用水浸泡,防止生石灰遇水产生大量热量而加重烧伤。

特别提示

(1)烫伤或烧伤之后要根据创面大小和严重程度,有针对性地采取措施。如果情况严重,要呼叫120求救,把有关的情况告诉急救中心,以便他们做好准备,携带合适的器械及包扎物品。

(2)烫伤或烧伤时如果出现严重口渴的情况可饮些淡盐水,补充从皮肤渗出的体液带走的盐分,有利于预防休克。

(3)二度烫伤处理时要注意预防感染,并服止痛片以减轻疼痛,出现大面积烫伤时必须立即送往医院进行急救。

(4)对儿童和老年人来说,即使烧伤面积和烧伤深度与年轻人相似,但是实际的伤情要比年轻人严重得多。

(5)即使是轻度烫伤或烧伤,在自行处理后也应去医院就诊。

5. 呼吸道异物阻塞的急救方法

呼吸道异物阻塞是指急性的,因外在或内在原因而引起的,不完全或完全异物阻塞呼吸道的情形。发生呼吸道阻塞时,病人往往会发生剧烈的咳嗽,或有鸡鸣、犬吠样喘鸣音,也可能会伴有口唇和面色发紫或苍白的情况。如果阻塞的异物较大,病人还会面色发紫、发白,突然不能说话、不能咳嗽,有的甚至会很快发生昏迷、心跳停止。如果是儿童发生了呼吸道异物阻塞,还会有哭闹加剧的表现。呼吸道异物阻塞如果得不到迅速解除,可能造成完全性的呼吸、心跳停止。

应急须知

(1)发生呼吸道异物阻塞时,要尽早进行救护。主要方法是施救者站在患者的身后,双手环绕地抱住病人的腹部,一手四指握住大拇指握成拳,用拇指的一侧抵住患者的上腹部肚脐与胸骨下端间;另一只手则要压住握拳的手,然后双手用力快速地向内、向上挤压。

(2)如果发生呼吸道异物阻塞后患者已经昏迷倒在地上,应迅速想法保持患者的呼吸道畅通,检查并且清理患者的口腔,向患者的肺内吹气。如果一次难以奏效,要在重新调整患者气道后,再向患者的肺内吹气。如果还是没有效果,要检查患者的大动脉是否有搏动。如果大动脉的搏动已经消失,则要马上进行心肺复苏。为了使呼吸道内的异物排出,应该使施救者面对着患者,两腿分开跨过患者的身体跪在地上,双手叠放,下面的手掌根要放

在患者上腹部的剑突下、肚脐稍上的地方,朝患者上腹部快速做出向内、向上的挤压动作。

(3)如果发生呼吸道异物阻塞的是婴幼儿,施救时必须将患病儿童放在救护者的前臂上,让其面部朝下,头部低于身体,施救者再将前臂支撑在自身大腿上方,用同一只手扶住患病儿童的头、颈及胸部,另一只手拍打患病儿童背部的两肩胛骨之间,连续拍打5次,以促使他吐出异物。如果这个方法没有奏效,就要把患病儿童翻转过来,让他面部朝上,将他放在施救者的大腿上,托住他的背部,让他的头部低于身体,再用食指和中指猛压他下胸部两乳头连线中点下方一横指处的地方,反复地交替拍打他的背部和作胸部压挤,直到异物排出。

(4)如果呼吸道异物阻塞患者已经停止了呼吸,还要在排出异物后立即做口对口人工呼吸。

特别提示

(1)如果发生呼吸道异物阻塞的是儿童或老年人,要马上进行抢救,同时拨打120急救电话求助。

(2)如果发生呼吸道异物阻塞的是孕妇或肥胖人士,施救时要垂直按压胸骨下部。

(3)放置东西时要注意,纽扣等小物品要放在孩子不容易拿到的地方。

(4)要养成良好的生活习惯,尽量不要一边吃东西一边说话。

6.眼灼伤的急救方法

某些化学品的溶液或者粉尘意外进入到眼睛里,或者不小心接触到了强烈的化学气体,会造成眼灼伤。眼灼伤后,一般会出现眼睛疼痛、流泪、怕光等症状,严重时还可能导致血管性角膜白斑、眼睑畸形、眼球萎缩,甚至失明。

应急须知

(1)眼被灼伤后,要立即把上、下眼皮翻开,尽快用大量的清水如自来

水、蒸馏水或生理盐水冲洗眼睛。如果是因为生石灰吹入眼中后发生的眼灼伤,要在清除干净眼中的生石灰后再用水冲洗。即使灼伤的部位已被冲洗干净,仍需及时送往医院救治。

(2)如果只是一只眼睛被灼伤,在冲洗时要小心,不要让水溅进没有受伤的那只眼睛里。

(3)眼被灼伤后,也可以取一盆清水,将整个脸朝下泡在水里,连续地做睁眼和闭眼的动作。

(4)当被灼伤的眼睛冲洗干净后,要用干净或消毒的纱布等覆盖其上,以保护受伤的眼睛,并迅速送往医院就医。

(5)眼灼伤并在清洗完成后,也可以采用冰袋敷眼,加速降低灼伤区域的温度,以减轻对眼内组织的损伤。

特别提示

(1)要注意保管好化学物品,在使用时要注意安全。

(2)眼灼伤后,切记不要用手揉眼睛,避免病情恶化。

(3)眼灼伤后,要优先选择到眼科医院治疗。

7. 冻伤的急救方法

在长时间暴露于冰冷或恶劣气候环境中或接触冰雪后,人的身体末端部分如手指、脚趾、耳朵、鼻子等处的皮肤或皮下组织会被冻结而受伤。冻伤后,患处会刺痛并逐渐发麻、皮肤感觉会变得麻木,皮肤表面有时会呈现苍白色或

蓝色的斑点、冻伤的肢体移动时会出现困难或迟钝。

应急须知

(1)当有人被冻伤时,要将患者移到暖和的地方,为其解开衣服,盖上毛巾、毛毯,使他的身体暖和起来,一是可缓解病情,二是可防止深层组织被冻伤。一定不要搓揉被冻伤的部位。如果冻伤是在野外发生的,要尽快将患者移到温暖的帐篷或者附近的民居里,为患者轻轻脱下伤处的衣物及其他束缚物如戒指、手表等,要用温水浸泡被冻伤的部位,要用温热的毛巾覆盖被冻伤的耳鼻或脸。

(2)当只有手脚被冻伤时,可等患者身体情况稳定之后,用37℃～40℃的温水浸泡患者的手脚,并为其提供温热的饮料,但不能用热水浸泡的方式,也不能生火取暖。

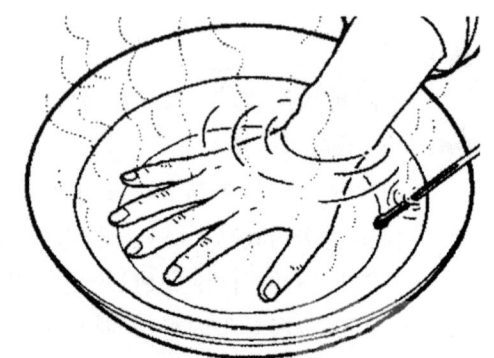

(3)当被冻伤的部位情况有所好转时,要对被冻伤的部位进行消毒后包扎,及时送到医院去治疗。

(4)如果被冻伤的地方已经破溃感染,要用65%～75%的酒精或1%的新洁尔灭溶液消毒,在吸出水泡内的液体后,外涂冻疮膏等药物,并进行保暖包扎。情况严重时,还需用抗生素及破伤风抗毒素等药物进行治疗。

(5)在被严重冻伤时,如果患者已经全身冻僵,首先要为其脱去或剪掉湿冷的衣裤,在被褥中保暖,也可用25℃～30℃的温水淋浴或浸泡10分钟左右,使患者的体温逐渐恢复正常。

(6)如果患者的下肢受累,但还需要步行一定距离接受治疗。在这种情况下,先不要对被冻的肢体解冻。因为行走会进一步加重对解冻组织的损害,如果解冻后又被冷冻,受损情况将会更为严重。当受冻的部分不能立即解冻时,要轻轻地清洁,保持干燥,并用无菌绷带进行保护,直至温暖解冻。

> **特别提示**

(1)在冻伤后,已经温暖了的患处不要再暴露于寒冷的环境中,也不要再用已温暖了的脚在寒冷的环境下走路。

(2)在冬天寒冷时,要做好防寒抗冻工作。在野外工作时,要做好个人的保暖工作,避免被冻伤。

8.中暑的急救方法

在高温或热辐射的长时间作用下,机体出现了体温调节障碍,水、电解质代谢紊乱和神经系统功能损害的症状时,就可认为已经中暑。一般而言,在外界环境温度高于皮肤温度、湿度过大时,人体蒸发散热的过程受到阻碍,体内一时蓄积了大量的热量,这时如果不采取有效的措施,就容易造成中暑。轻度中暑时表现为精神恍惚、疲乏无力、头昏、心慌、大汗、恶心、体温超过37.5℃等症状。儿童中暑会表现为肤色看上去红润,但触摸时会感觉干燥而且温热,会表现出烦躁不安和哭闹,呼吸和脉搏也会加快,接下来还会表现出明显的倦怠、昏眩、抽搐或进入昏迷状态,体温可高达39℃以上。

> **应急须知**

(1)发现有人中暑时,要马上将其移到阴凉通风的地方休息,给其补充含盐的清凉饮料。还可以在额部、太阳穴等处涂抹清凉油、风油精等,或服用人丹、十滴水、藿香正气水等中药。

(2)如果是重度中暑,要首先对重症病人进行降温处理,具体方法是用冰水、井水或酒精擦洗患者全身,也可以在患者的头部、腋下、腹股沟等大血管处放置冰袋,或者将患者除头部以外的身体浸泡在4℃的水中,使其体温尽快回降。如果情形没有好转要立即送往医院进行急救,同时采取综合措施进行救治。如果远离医院,在将病人脱离高温环境后,用湿床单或湿衣服包裹病人,并用风扇的最大风力吹,促使身体蒸发散热。

(3)儿童中暑时,要将其转移到阴凉的地方,为其除去衣物,用电风扇或开冷气使环境温度降低；也可用温凉的湿毛巾擦拭儿童的身体，或放进盛有凉水（不能用冷水）的浴盆里，使其肛温降低到39℃即可，注意不要让儿童的体温剧降到过低。

(4) 针对儿童中暑的情况，要维持其呼吸道的通畅，每隔10～15分钟喂

一些不含咖啡因的清凉饮料；但是发现儿童有呕吐的情况时就不要喂服了。

特别提示

(1) 易中暑人群包括野外作业者、过度疲劳者、久病者、老年人以及产妇等，在气温高湿度大的天气或环境中，这些人要重点注意预防中暑。

(2) 如果只是轻度中暑，在及时离开高温环境后，休息3～4小时可以恢复正常。多喝绿豆汤可以预防中暑。

(3) 儿童中暑时，不要用酒精或冰水擦拭身体，避免刺激儿童；也不要使用冰水或冰块，避免使皮肤的血管急剧收缩，皮肤血流阻断反而无法有效排热。

9. 蛇咬伤的急救方法

虽然，毒蛇在蛇的整个种类中所占的百分比并不是很高，但毒蛇分布地区较广，加上人们对毒蛇的防范意识不够，人被毒蛇咬伤中毒致死的事情时有发生。人一旦被毒蛇咬伤，毒液进入人体血管之后，会通过血液循环流遍全身，在人体内扩散，使局部乃至全身出现不同的中毒症状，若不及时处理，短时间内就可能危及生命。

应急须知

(1) 在野外被毒蛇咬伤后，不要惊慌失措，更不要奔跑走动，以避免毒

液快速向全身扩散。要尽量辨认蛇的类型。如果确信是毒蛇咬伤,要马上坐下或卧下,自行救护或向别人求助,就地取材,将能找到的鞋带、裤带之类的绳子缚扎伤口的近心端,缚扎的强度以能阻止静脉血回流又不影响动脉血流出为宜。具体而言,如果被咬伤的地方在手指上,可缚扎手指根部;如果在手掌上,可在肘关节下部缚扎;如果在足踝部,就要在膝关节上部或下部缚扎,同时将患肢下垂,尽量不要行动。缚扎可持续 8～10 小时,每隔 15～30 分钟放松 1～2 分钟,在伤口排毒和服药后 3 小时可解除缚扎。咬伤超过 12 小时,不宜再缚扎。

(2)缚扎后,要马上用凉开水、泉水、肥皂水或 1∶5000 的高锰酸钾溶液冲洗伤口及周围的皮肤,将伤口外表的毒液洗掉。当伤口内有残留的毒牙时,要快速用经火烧过消毒的小刀或碎玻璃片等尖锐物将毒牙挑出,再沿牙痕作长约 1.5 厘米深达皮下的纵向切口,或作"十"字形切口,用手从近心端向伤口附近反复挤压,边挤压边用清水冲洗伤口,使毒血排出。冲洗挤压排毒须持续 20～30 分钟。

(3)也可用口吮、拔火罐或抽吸器,吸出伤口的毒血。在野外时,也可将随身带着的杯子当做拔火罐处理,先在杯子里点燃一小团纸,然后将杯口迅速扣在伤口上,紧贴伤口周围皮肤,利用杯内产生的负压吸出毒液。用嘴吮吸伤口进行排毒时,吮吸者的口腔、嘴唇一定要没有伤口也没有龋齿,否则容易导致中毒。吸出的毒液要马上吐掉,吸后要用清水漱口。

(4)如果是在野外被毒蛇咬伤,要马上拿 5～7 根火柴,放在伤口中点燃,烧灼 1～2 次,将蛇毒破坏。此法用于野外急救简便有效。

(5)在蛇毒排完后,要湿敷伤口使毒液尽快流出。蛇毒有剧毒,极小量即可致命,绝不能因惧怕疼痛而拒绝切开伤口排毒。如果身边有蛇药要立即口服解毒。

特别提示

(1)在野外从事劳动生产时,进入草丛前应用棍棒先敲打以驱赶毒蛇。

(2)在深山丛林中作业时,要随时注意观察周围的情况,要穿好长袖上衣,长裤及鞋袜,必要时还要戴好草帽。

(3)在遇到毒蛇时,要采用左、右拐弯的走动以躲避毒蛇的追赶;也可以站在原处,面向毒蛇,注意毒蛇的来势并左右避开,寻找机会拿树枝自卫。

(4)如果在进入深山丛林或其他蛇较多出动的地方,四肢要涂擦防蛇药液及口服蛇伤解毒片,起到一定的预防作用。

10. 骨折的急救方法

骨折在平时的生活中或运动时可能发生,容易导致肿胀、出血,断骨还会伤害到周围的血管、神经、内脏和肌肉。它是一种由于外伤或病理等原因而导致骨质部分或完全断裂的疾病。其主要临床表现为骨折部有局限性的疼痛和压痛,有局部肿胀和出现淤斑,肢体功能部分或完全丧失,完全性骨质还可出现肢体畸形及异常活动。

应急须知

(1)当发现有人发生骨折时,要用双手扶住骨折的部位,不要使骨折部位活动,同时垫高受伤的肢体以减轻肿胀。要在第一时间拨打120急救电话。只要有可能是骨折,就要按骨折进行处理,抢救生命要放在第一位。闭合性骨折时骨骼穿破皮肤,有损伤血管、神经的危险时,要尽量消除显著的移位,再用夹板进行固定。

(2)根据发生骨折后会在身体的部分区域出现疼痛、压痛、纵向叩击痛、肿胀、淤血、畸形、活动受限等症状。为了确诊和进一步了解骨折部位、类型及指导治疗,需要进一步作X光检查。

(3)发生骨折后,需要进行正确的现场急救和安全转运,重点是要进行妥善的固定。肢体发生骨折后,最好用夹板进行固定;如果一时难以获得夹板,可以用木棍、木板代替,其长短以能固定住骨折处上下两个关节或不使断骨错动为宜。如果连木棍一类的代替物也没有,可以连同身体其他部位一起绑住,如上肢骨折时可绑在胸部,如下肢骨折可同另一侧的健全肢体绑在一起暂时固定。如果发生了脊柱骨折,患者应平卧在床板或门板上,避免身体屈曲、后伸、旋转。固定时,要注意不

能包扎得过紧而引起患者神经麻痹。扎带的时间也不要太长,一般不应超过1小时;时间过长会导致肢体缺血坏死。如果伤肢被扭曲,无法进行妥善的固定,可以采用牵引的方法,将伤肢轻轻沿着骨骼的轴心拉直。如果在拉直的过程中,病人剧烈疼痛或皮肤变白,要马上停止。

(4)搬运或运送到医院的过程中要注意保持固定,动作要轻稳,防止震动和碰坏受伤的肢体,尽量减少伤员的疼痛。如骨折合并颅脑损伤及其他重要脏器损伤,要密切注意病人的神志和身体状况,迅速将其送往就近医院抢救。

(5)当发现有破口出血的开放性骨折时,要用干净的消毒纱布压迫;如果压迫还止不住血,要用止血带环扎伤口的近心端进行止血。

(6)要注意不要用水冲洗伤口中的脏东西,也不要随意地使用药物,更不得把裸露在伤口外的断骨复位。要在伤口上覆盖灭菌纱布,再进行适度的包扎固定。当伤口进了异物时,不要拔除,也不要将异物压入伤口,应该止血后进行包扎固定。

特别提示

(1)当颈椎部位发生骨折时,一旦急救操作不当,可能会使颈部脊髓受到损伤,有高位截瘫的风险,严重时还会抑制呼吸危及生命。当胸腰部

脊柱骨折时,一旦搬运不当也可能损伤胸腰椎脊髓神经,存在下肢瘫痪的风险。因此在出现前述骨折时,要尽量让患者留在原地不动,等待携有医疗器材的医护人员搬运伤者。

(2)如果四肢骨折处有局部迅速肿胀的情况,表明可能存在骨折断端刺破血管引起了内出血,此时一定不要随意搬动伤肢,以免造成骨折端刺破局部血管导致出血。

(3)搬动伤者前需确认伤者情况,不能搬动或者挪动伤者肢体,救助过程中要注意救助动作,不要加重伤者损伤,以免造成二次伤害。

(4)抢救过程中,要注意消毒灭菌,避免伤口被感染。

11. 触电的急救方法

在农村,触电事故多发生在每年的第二、第三季度,其中又以六至九月触电事故发生最多。造成触电的原因是夏、秋两季天气潮湿、多雨,电气设备的绝缘性能降低了,加上人体多汗,皮肤的电阻也降低了,容易导电;天气炎热,电扇用电或临时线路增多,一般人员很少或不穿工作服和绝缘护具;到了农忙季节,用电量和用电场所增加,触电几率也增多。另外,儿童误触电路,使用漏电的设备,火灾、地震和大风等灾害造成了漏电,都会导致触电事故的发生。

应急须知

(1)触电急救的要点是动作要迅速,救护要得法。当有人触电时,首先要使触电者脱离电源,再根据具体情况,进行相应的救治。

(2)当发现有人触电时,要确定现场环境安全后再进入现场救人。如果开关箱就在附近,要马上拉下闸刀或拔掉插头,尽快断开电源。如果距离闸刀较远,要迅速用绝缘性能良好的电工钳或有干燥木柄的利器如刀、斧、锹等砍断电线。也可以用干燥的木棒、竹竿、硬塑料管等将电线从触电者身上迅速挑开。当没有任何合适的绝缘物可利用时,也可以用几层干燥的衣服将手包裹好后,站在干燥的木板上,拉触电者的衣服,使其脱离电源。

(3)对高压触电的,要在第一时间通知有关部门停电,或迅速拉下开关,或由有经验的人采取特殊措施切断电源。

(4)要解开触电者的衣服,清理其口中的黏液;发现有假牙时,要及时取下。如果发现触电者神志清醒,要安排专人照顾、观察,等其身体情况稳定以后才能让其进行正常的活动。对轻度昏迷或呼吸微弱的触电者,可以用针刺或掐人中、十宣、涌泉等穴位使患者苏醒,及时拨打 120 急救电话,送医院救治。对没有了呼吸但心脏仍有跳动的触电者,要马上用口对口人工呼吸的方法。对有呼吸但心脏停止跳动者,要立即用胸外心脏按压法进行抢救。如触电者心跳和呼吸都已停止,则须同时采取人工呼吸和俯卧压背法、仰卧压胸法、心脏按压法等措施交替进行抢救。如果有电烧伤的伤口,应该在包扎好后送到医院进行救治。

俯卧压背法:将被救者俯卧,头向一侧偏,一臂要弯曲着垫在头下。救护者要两腿分开,跪跨在病人的大腿两侧,两臂伸直,两双手的手掌心放在病人的背部。救护者的大拇指要靠近被救者的脊柱,四指向外紧贴肋骨，用救护者自身的身体重量压迫病人背部，再让被救者身体向后仰，两手放松，使被救者的胸部自然扩张，使空气进入肺部。按照上述方法重复操作，每分钟做16～20次。

仰卧压胸法：将被救者仰卧，在其背后放上一个枕垫，使其胸部突出，让其两手伸直，头侧向一边。救护者要两腿分开，跪跨在病人大腿两侧，救护者面对被救者的头部，两手掌心压放在其胸部，救护者的大拇指向上，四指伸开，自然压迫被救者的胸部，将被救者肺中的空气压出。救护者的双手放松，让被救者的胸部凭自身的弹性自然扩张，空气进入其肺内。按上述方法重复操作，每分钟做16～20次。

心脏按压法：触电者心跳停止时，必须马上用心脏按压法进行抢救，具体方法为解开触电者的衣服，使其仰卧在地板上，头向后仰，姿势与口对口人工呼吸法时相同。救护者跪跨在患者的腰部两侧，两手相叠，手掌根部放在触电者心口窝的上方，胸骨下1/3的地方。掌根垂直向下用力，朝脊背方向挤压，对成人应压陷3～4厘米，以每秒钟挤压1次，每分钟挤压60次为宜。在挤压后，救护者的掌根要迅速全部放松，让触电者的胸部自动复原，在每次放松时，救护者的掌根可以不完全离开胸部。

反复按上述方法进行操作。当触电者的呼吸和心跳都停止时，还要同时进行口对口人工呼吸和胸外心脏按压。当现场只有一人在抢救时，应交替使用两种方法,吹气 2~3 次,再挤压 10~15 次。

> **特别提示**
>
> (1)救护者在救护触电者时要首先判明情况,及早做好自身的防护。如果在户外发现有落地或者浸入了水中的电线,无论是否带电,都要远离并通知供电部门抢修。
>
> (2)要防止触电者在脱离电源的同时,发生二次摔伤事故。
>
> (3)在夜间进行抢救时,要及时解决临时照明的问题,避免延误抢救时机。
>
> (4)尽量不要带电作业,特别是在高温、潮湿的危险场所,严禁带电工作。专业人员在带电作业之前,要做好充分的个人防护。
>
> (5)按规定对各种电气设备进行定期检查。当发现有绝缘损坏、漏电和其他故障时,要及时作出有效的处理;对不能修复的设备,要予以更换。不能用湿的物品接触带电者、带电物品和电源开关和插口等,不能用手拿带电的电线或者去接触没有脱离电源的人。

12.溺水的急救方法

人在被水淹后,会出现窒息和缺氧的情况,往往表现为脸部青紫、眼睛充血、肿胀、口吐白沫、四肢冰凉甚至出现呼吸、心跳停止,这种情况一般称为溺水。

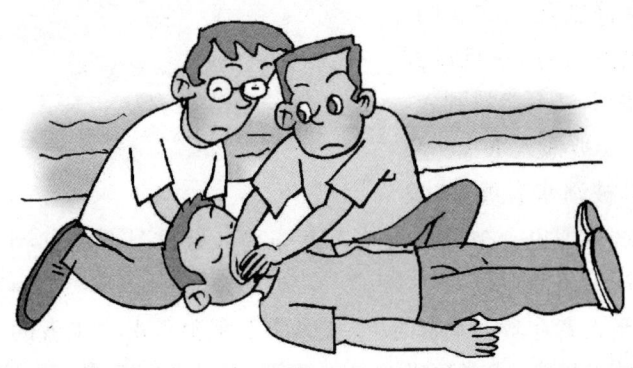

应急须知

（1）对于溺水者自身来说，当有溺水的危险发生时，一定要保持镇静，不要手脚乱蹬拼命挣扎，也不要将手臂上举乱扑动。在呼救之外，落水后还要立即屏住呼吸，踢掉双鞋，放松肢体，在感觉开始上浮时尽可能保持仰位，头部后仰，鼻部露出水面呼吸，尽量用嘴吸气、用鼻呼气，这样可以防止呛水。呼气要浅，吸气要深。千万不要试图将整个头部伸出水面，这种做法将增加紧张和被动。

（2）如果有救助者出现，落水者一定不要惊慌失措抓抱救助者的手、腿、腰等部位，要听从救助者的指挥；否则，很可能出现不仅自己不能获救，反而连累救助者性命的情况。

（3）当有人溺水时，岸边的民众不宜直接下水，最好的救援方式是丢绑有绳索的救生圈或长竿一类的物体；也可以就地取材，树木、树藤、枝干、木块、矿泉水瓶都可以拿来救人，千万不要徒手下水救人。

（4）抢救溺水者需要入水时，为了避免被溺水者缠住无法脱身，一定要先将衣服脱下。在游到溺水者面前1~1.5米的水域时，要先吸一大口气潜入到水底，从溺水者的背后施救，这样做不至于被溺水者困住。要知道溺水者在面临死亡的瞬间，会有很大的力量，一旦没弄好，有可能不仅不能救到人，救人者也会被拖入水中。救人者一旦被溺水者缠住，要设法摆脱，否则也会被淹。当救人者感觉自身状态不佳时，不要试图下水，要在岸上帮助呼救。

（5）救人者在救溺水者时，要握紧拳头狠狠重击溺水者的后脑，使他昏迷，再拖上岸来；或者深吸一口气憋住，把对方压下水底。这时溺水者为了吸气,一定会踩在救人者的肩头,趁此机会顶住他 3~5 秒,让其头部露出水面,顺畅换气并观察四周,岸上的人可把木块、木头等漂浮物投入水中,让溺水者抓住。

(6)在将溺水者救上岸后,要将溺水者平放在地上,迅速掰开嘴,清除其口鼻内的脏东西如淤泥、杂草等,使溺水者保持呼吸道畅通。不必控水,要争取抢救的时间。在溺水者呼吸极为微弱甚至停止时,要马上实施心肺复苏。对意识已丧失但还有呼吸、心跳的溺水者,要保持其侧卧并注意保暖。由于呼吸和心跳在短期恢复后还可能再次停跳,要一直坚持救治到专业救护人员来到。

特别提示

(1)如果没有受过专业的救人训练,不要轻易下水救人。因为会游泳并不代表会救人。

(2)若发现有人溺水,应立刻通知119与当地救难人员协助求援。

(3)未成年人和水性较差者不宜下水救人,要及时报警求助。

(4)不要到坑、河、湖等非正式游泳场所游泳,也不要在冰面上玩耍,儿童及水性较差者在游泳时要有专人陪伴。

13. 爆竹烟花炸伤的急救方法

在农村,当节日来临,或有红白喜事时,爆竹烟花的燃放较为普遍。在燃放爆竹烟花的时候,经常会发生被爆竹烟花炸伤的事故。

应急须知

(1)如果在燃放爆竹烟花时,手、足或肢体被炸伤出血,此时可用云南白药粉或三七粉涂洒止血。如果出血仍未被止住,就要自己或让他人用双手卡住或用橡皮带等扎住出血部位的近心端并抬高患肢,紧急送入医院进行清创处理。

(2)如果发现有人被爆竹烟花炸伤,首先应小心地将伤者眼部、面部的爆竹烟花碎屑和沙石等清除,再用清水冲洗爆竹烟花造成的创面。清水一方面可以清除爆竹烟花的细小粉末和碎屑,清除创面残留的化学物质,清洗创面的血迹,还可以给被爆竹烟花灼伤的局部组织降温,避免造成进一步的损害。如果皮肤表面形成了水泡,不要挑破,也不要涂甲紫(龙胆紫)等有颜色的药水、药膏,避免造成创口的感染,给后续的诊断造成影响。

(3)如果遇到爆竹烟花炸伤造成了小血管破裂引发出血不止的情况,要在就诊前用干净的纱布或毛巾用力压住伤口进行止血。

(4)如果伤情严重,如造成了眼球破裂、眼内容物脱出、眼睑高度肿胀、淤血,眼睛难以睁开,此时应以清洁纱布或毛巾覆盖眼睛后立即送往医院救治。如果爆竹烟花受伤者已昏迷合并颅脑、胸腹、四肢的损伤,更要迅速送往医院救治。

特别提示

(1)警告孩子远离燃放着的爆竹烟花,更不得让儿童自己燃放爆竹烟花。
(2)如果鞭炮没有放响,不要马上走近去看。
(3)不要购买来路不明、不符合质量要求的爆竹烟花。
(4)要提高防范爆竹烟花伤害的意识,在燃放时要注意安全。

14. 包扎法

当受到意外伤害时,需要通过包扎止血或固定肢体,这是生活中较常用的一种处理伤口或意外伤害的途径。用绷带包扎伤口的目的在于固定

第六部分　紧急呼救与急救

盖在伤口上的纱布,固定骨折或挫伤的肢体,还有压迫止血的作用,并可以有效地保护患处。

应急须知

(1)常用的包扎法有环形法、蛇形法、螺旋形法、螺旋反折法、8字形法,各种方法有其各自的特点,也适合对不同的伤害进行包扎。在实际的救助过程中,需要根据具体情况,有针对性地作出选择。

(2)环形法:是将绷带作环形重叠缠绕。第一圈环绕稍作斜状,第二、三圈均作环形,再将第一圈斜出的一角压在环形圈内,最后用橡皮膏将带尾固定,也可将带尾剪开两头打结。这种包扎法在各种绷带包扎中是最基本的方法,大多用于手腕、肢体粗细相等的部位。

(3)蛇形法:先将绷带按环形法缠绕多圈,再根据绷带宽度作间隔斜形上缠或下缠。多用于夹板之间的固定。

(4)螺旋形法:先按环形法缠绕几圈。上缠每圈盖住前圈的1/3或2/3,呈螺旋形。适用于前臂、手指、躯干等处,多用于粗细大致相等且大面积受伤的肢体的包扎。

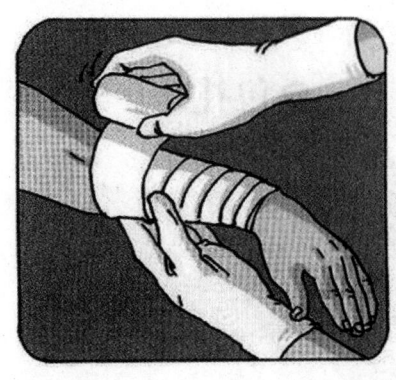 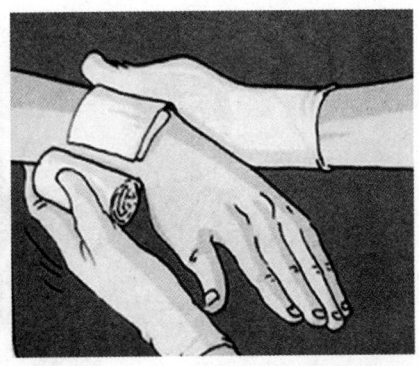

(5)螺旋反折法:先按环形法缠绕数圈。作螺旋形法缠绕,等缠到渐粗处,将每圈绷带反折,盖住前圈的1/3或2/3,由上而下地依次缠绕。多用于前臂、大小腿等处的包扎。

(6)"8"字形法:在关节弯曲的上方和下方,先将绷带由下而上缠绕;再由上而下地成"8"字形来回缠绕。多用于肩、髋、膝、踝等处的包扎。

(7)回返法:用绷带多次来回反折。第一圈常从中央开始,其余各圈一左一右进行缠绕,直到将伤口全部包住,用环形缠绕将所反折的各端包扎固定。该法多用于头和断肢端。

(8)三角巾的使用方法:将长宽约1米的布或衣服沿对角线剪开,可得到两块大的三角巾。①面部包扎法。在三角巾的顶角打一个结,然后把顶角放在头顶部,用三角巾的中心部分包住面部,并在耳、眼、鼻及嘴的地方剪洞,把左右底角拉到颈后交叉,再绕到前额处打结。②头部包扎法。将三角巾底边的正中点放在前额处,两底角绕到脑后,交叉后经耳绕到额部拉紧打结,最后将顶角嵌入底边,向上反折后,再打结固定。③腹部包扎法。将三角巾底边横放在上腹部处,将两底角拉向后方紧贴着腰部打结,顶角朝下,在顶角处接一小带,将顶角从两腿之间拉向臀部,与在腰部打结后的底角再打结固定。④手部包扎法。将三角巾摊开,手掌放在三角巾中央,顶角折回盖到手背上,两底角左右包绕着手背交叉,将顶角反折于交叉处,两底角再回绕腕部一周后压住顶角打结。⑤足部包扎法。将三角巾摊开,脚放在三角巾的中央,提起顶角折回盖在足背上,将一侧底角提起后折向足的另一侧,绕踝关节一周,与顶角打结,然后提起另一侧底角绕踝关节一周,再与另一底角打结。

三角巾包扎

(9)特殊伤口的包扎方法:①腹部内脏溢出。包扎时,伤员应仰卧,屈曲下肢,放松腹部,降低腹腔内的压力。盖上干净的敷料保护好脱出的内脏,再用厚敷料或宽腰带围在脱出的内脏周围,也可以用干净的盆将脱出的内脏罩住,再进行包扎。②开放性气胸的包扎方法。要尽快封闭胸壁的创口,使开放性气胸成为闭合性气胸。用急救包外皮内面,即无菌面迅速紧贴伤口,再用多层纱布或棉花做垫,用三角巾加压包扎。③脑组织膨出时的包扎方法。用无菌纱布覆盖膨出的脑组织,再用纱布折成圆圈放在脑组织的周围,也可用干净的瓷碗扣住膨出的脑组织,用三角巾或绷带轻轻包扎固定。

特别提示

(1)打好绷带的要领是既不要过紧,也不能过松。如果打得过紧,会使血液循环不良;过松,会固定不住纱布。如果没有打绷带的经验,可以在打完绷带后,看看身体远端有没有变凉或水肿等情况。

(2)打完绷带后,结不要打在伤口上方,也不要打在身体背后,以免睡觉时结顶着身体,会不舒服。

(3)在必须急救而没有绷带的情况下,可用寻找替代品,如毛巾、手帕、撕成窄条的床单、长筒尼龙袜子等。

(4)进行包扎时,要使用干净无污染的布料。包扎时动作要利落,不能加重伤员的疼痛、出血或伤口污染。包扎四肢时,指(趾)端最好暴露在外面,这样便于观察血液的流动情况。用三角巾进行包扎时,角要拉紧,包扎要贴实,打结要牢固。不要压迫已脱出的内脏,禁止将脱出的内脏再送回腹腔内。

15.外伤止血法

一般说来,正常成人的总血量为4000毫升左右。短时间内丢失1/3

(约1300毫升)血液时,就会发生休克。表现为脸色苍白、出冷汗、血压下降、脉搏细弱等。如果丢失总血量的一半(约2000毫升)时,组织器官会处于严重的缺血状态,很快就会死亡。

应急须知

(1)一般止血法:针对小的创口出血,在止血之前,应了解需止血的伤口的情况;如果发现患部如头部有较多毛发,应先将毛发剪剃掉,在用生理盐水冲洗伤口后再进行消毒,最后覆盖多层消毒纱布用绷带扎紧包扎。

(2)指压止血法:在伤口的上方,即近心端,找到搏动的血管,马上用手指紧紧压住。这是一种在紧急状况时采用的临时止血法,只适用于头面颈部或四肢动脉出血时的急救,压迫时间不能过长。在实施指压止血的同时,要准备换用其他止血方法。

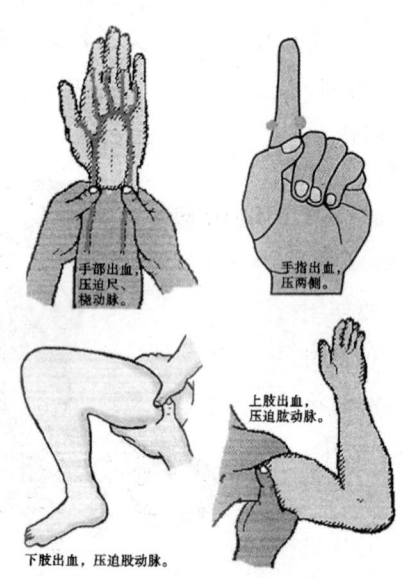

采用指压止血法时,救护者必须熟悉各部位血管出血的压迫点。①头顶部出血时,在伤侧耳前,用拇指压迫颞浅动脉。②头颈部出血时,要用大拇指对准颈部胸锁乳突肌中段内侧,将颈总动脉压向颈椎。注意不能同时压迫两侧的颈总动脉,避免造成脑缺血坏死。压迫时间也不能太久,避免发生危险。③上臂出血时,要一手抬高患肢,用另一只手的大拇指在上臂内侧出血位置上方压迫肱动脉。④前臂出血时,要在上臂内侧肌沟处施加压力,将肱动脉压在肱骨上。⑤手掌和手背出血时,要将患肢抬高,用两手的大拇指分别压迫手腕部的尺动脉和桡动脉。⑥手指出血时,要用另一只手的手指使劲捏住伤手的手指根部两侧。⑦大腿出血时,要屈起伤侧的大腿,使肌肉放松,用大拇指压住位于大腿根部腹股沟中点下方的股动脉,用力向后压。为了增强压力,可用另一只手叠在前一只手上施加压力。⑧足部出血时,在内外踝连线中点前外上方和内踝后上方,摸到胫前动脉和胫后动脉,用手指紧紧压住。

(3)加压包扎止血法:用消过毒的纱布、棉花做成软垫放在伤口上,再用力加以包扎,以实现加大压力达到止血的目的。这种方法应用得较为普遍,效果也较好,要注意的一点是加压的时间不能过长。

(4)屈肢加垫止血法:当前臂或小腿出血时,可在肘窝、腋窝内放纱布垫、棉花团或毛巾、衣服等物品,屈曲关节固定。但这个方法对骨折或关节脱位者不适用。

(5)橡皮止血带止血法:常用的止血带是1米左右的橡皮管。止血方法是掌心向上,止血带一端由虎口拿住,一手拉紧,绕肢体2圈,中、食两指将止血带的末端夹住,顺着肢体用力拉下,压住"余头",以免滑脱。要注意,使用止血带止血时要加垫,不要直接扎在皮肤上。每隔60分钟放松止血带3~5分钟,松止血带时慢慢用指压法代替。

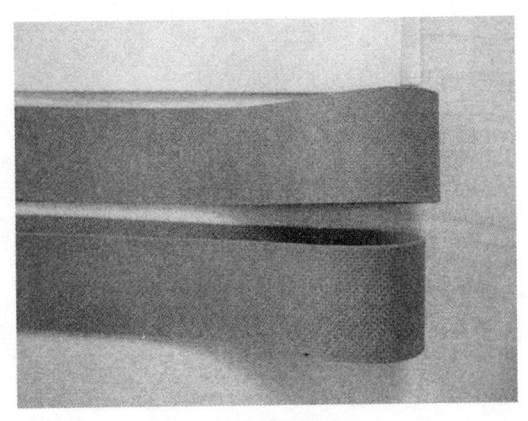

止血带

(6)填塞止血法:将消毒过的纱布、棉垫、急救包填塞压迫在创口内,外面再用绷带包扎。要避免过松过紧,松紧度以达到止血目的为宜。

(7)止血带法:当有较大的肢体动脉出血时,为了方便运送伤员,要用止血带止血。止血带所用的材料可以是橡皮带、宽布条、三角巾、毛巾等。

上肢出血时,止血带应该结扎在上臂的上 1/3 处;为了不损伤桡神经,不要扎在中段。下肢出血时,止血带要扎在大腿的中部。在用止血带之前,先要将伤肢抬高,使静脉血尽量回流,再用软组织敷料垫好局部,再扎止血带,以止血带远端肢体动脉刚刚摸不到为宜。

特别提示

(1)止血后,情况较严重的患者要尽快送到医院救治。

(2)止血过程中,严禁将泥土、面粉等不洁物撒在伤口上;否则,会进一步污染伤口,也会给下一步的清创增大难度。

(3)止血时,要严格掌握适度和要领。

(4)扎好止血带后,一定要做明显的标志,要写明上止血带的部位和时间,避免忘记定时放松,造成肢体缺血时间过久而坏死。